"家风家教"系列

仁

修身立德助伟业

水木年华 / 编著

郑州大学出版社

郑州

图书在版编目（CIP）数据

仁——修身立德助伟业/水木年华编著. —郑州：郑州大学出版社，2019.2
（家风家教）

ISBN 978-7-5645-5917-5

Ⅰ.①仁…　Ⅱ.①水…　Ⅲ.①家庭道德–中国　Ⅳ.①B823.1

中国版本图书馆 CIP 数据核字（2019）第 001365 号

郑州大学出版社出版发行　　　　　　　　　　　邮政编码：450052
郑州市大学路 40 号
出版人：张功员　　　　　　　　　　　　　　　发行部电话：0371-66658405
全国新华书店经销
河南文华印务有限公司印刷
开本：710mm×1 010mm　　1/16
印张：14.25
字数：227 千字
版次：2019 年 2 月第 1 版　　　　　　　　　　印次：2019 年 2 月第 1 次印刷

书号：ISBN 978-7-5645-5917-5　　　　　　　　定价：49.80 元
本书如有印装质量问题，请向本社调换

前言

家德，从字面意思来看是家庭对美德的一种传承，而其真正的内涵不仅仅局限在家庭这个小的范围之内，因为小家是家，大家是国，从国家的角度来看，家德蕴含的美德是极其丰富和深刻的。先贤的圣典中包含了为家为国的美好品德，为后世子孙留下了丰富的精神财富。

美德是一个民族的精神脊梁，品行是一个人的立身之本。"德"在先秦时，含义也甚广，有哲学本体论意义上的"德"。"德"是指一物之所以生的原理，或者说是指万物的本性和生成状态。如管子说："德者道之舍，物得而生，生知得以职道之精。故德者，得也。得也者，其谓所得以然也。"

还有伦理学意义上的"德"。"德"是指人们坚持一定的行为原则所形成的高尚品质所达到的至高境界。"德"是人内心的情感和信念。如宋朝的朱熹说："德者，得也，得其道于心，而不失之谓也。"就是说，修道有所得。心中得道，行为合乎一定规则，就是有"德"。

一般来说，人们先从道德认识开始，掌握有关的道德知识，运用这种认识对事物进行善恶评价，引起感情上的爱憎，即产生道德情感；继之在道德实践中形成或强或弱的道德意志，排除各方面的干扰和障碍，坚持履行道德义务；道德认识、情感和意志的统一，构成一定的道德信念，这是指导人们道德行为的准则；道德行为反复多次，日积月累，便逐渐成为一种不需要任何意志约束和监督的自觉行动，这就是道德习惯。以上所说的道德认识、情感、意志、信念和习惯，是构成人们道德品质的基本要素，但只有道德习惯形成之后，道德品质才算达到了完善的程度。

本书从修身立德开始，认识道德的本质，再从仁爱、无私、忠勇、勤劳、节俭、团结一心以及现在社会所缺失的职业道德等方面逐步展开对道德的认识和理解，回溯历史长河中先贤们对道德品质的传承和发展，以及借鉴他们对德育的观点及其影响，通过对圣贤原典的品读，展开透彻的说理分析，最后通过经典的古代故事，将原典的思想鲜活地展现在读者的眼前。故事中蕴藏的哲理直指人心，唤起人的道德情感，使其思想精髓真正地内化到每位读者的心里。这是一本道德传承的书，更是一本树立道德榜样的书。

目录

第　一　章

立德修身：德行完美立于世

　　自古以来，每个人都将修身立德放在首位。修身立德是指通过修身正心使德行趋向完美的境界。只有这样，一个人才能更好地立足于身，立稳于世。个人修身不仅包含了为人、修身、处世的智慧，还包含着人生各种美好的品行。所以，欲立德，先修身。

仁
修身立德助伟业

002

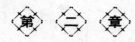

第 二 章

仁爱善德：立天之道大仁爱

"仁"属于道德哲学范畴，它的内涵相当丰富。《中庸》云："仁者，人也。"《周易·说卦传篇》也说："立天之道，曰阴与阳；立地之道，曰柔与刚；立人之道，曰仁与义。"从中可以看出，古人把"仁"看作处世为人的最基本要求。在"仁"的价值内涵中，核心就是"爱人"。这也是"仁""爱"长期合二为一的根源所在。

第 三 章

无私公德：光明磊落铸公德

无私是不偏心，也是公平公正，是中华民族的美好品德。公德一般是指存在于社会群体中间的道德，是生活于社会中的人们为了我们群体的利益而约定俗成的行为规范。现今社会，大到为国为民，小到为己为身，无时无刻不在召唤着无私公德的真正回归。

 忠勇厚德：果敢行事传美德

忠作为道德规范，在春秋时期就已引起重视，并流传开来。勇是人们有胆量、不畏惧、勇于克服困难、战胜敌人、不怕流血牺牲的英勇斗争精神和果敢行为。忠勇是中华民族传承不息的美好品德，是新时代的人们不可丢弃的坚实力量。

第 五 章

职业操守：爱岗敬业成大事

所谓职业操守，就是同人们的职业活动紧密联系的符合职业特点所要求的道德准则、道德情操与道德品质的总和。人的能力和学识是可以提高的，而人的内在品格却极难改变。虽然在短暂的招聘过程中辨清一个人的品德并非易事，但把道德水平作为聘用员工的一个标准，至少为企业把不道德者拒之门外提供了一个机会。

第 六 章

勤劳美德：民生在勤则不匮

勤俭持家，是我国劳动人民的一大美德。在这方面我国古代流传下不少有名的格言与佳话，如"民生在勤，勤则不匮""勤，治生之道也"，等等。所有这些有关勤的论说，是我国古代人们历史经验的总结，时至今日，仍然有着现实的意义，是我们今天应当大力提倡的。

第 七 章

节俭品德：节俭养德大修养

"俭，德之共也；侈，恶之大也。"古往今来，节俭一直被人们视为治国之道、兴业之基、持家之宝，并加以大力提倡。节俭可以养德，而奢侈浪费往往会招致祸端，节俭是一种修养，是一种美德，更是成功的要素。

第 八 章

 团结同德：仁爱礼用和为贵

儒家思想以仁为核心，主张人人都要有仁爱之心，对他人要与人为善，要帮助别人，以成人之美。孔子说："礼之用，和为贵。"所谓人和，就是强调人与人之间的协调与合作。以人为本、团结互助是中华民族的传统美德。乐善好施、团结同德是仁学思想中的应有之义。

第一章

立德修身：德行完美立于世

　　自古以来，每个人都将修身立德放在首位。修身立德是指通过修身正心使德行趋向完美的境界。只有这样，一个人才能更好地立足于身，立稳于世。个人修身不仅包含了为人、修身、处世的智慧，还包含着人生各种美好的品行。所以，欲立德，先修身。

中庸之道行懿德

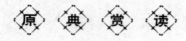

【原文】

子曰：中庸之为德也，其至矣乎！民鲜久矣。

——《论语·雍也》

【译文】

孔子说：中庸作为一种道德，该是最高的了吧！人们缺少这种道德已经为时很久了。

立德之道

孔子在这里是说，中庸作为道德，是最高的境界，然而世间却很久没有达到如此境界的人了。中庸即实用理性，着重在平常的生活实践中建立起不过不及的处世方式。

很多人将中庸与明哲保身、圆滑世故联系起来，为中庸之道贴上了一个不光彩的标签。其实，中庸之道体现在做人做事方面，可以用外圆内方的做人哲学来加以阐释。

老子的理想道德是自然，是天地，天圆地方；孔子的理想道德是中庸，是适度，是不偏不倚，两者的共通之处在于：中庸即在圆与方之间保持一种和谐，外圆内方、深浅有度是一门微妙的、高超的处世艺术，使人们在做事为人的天平上保持着微妙的平衡。

中庸，并非老于世故、老谋深算者的处世哲学。人生就像大海，处处有风浪，时时有阻力。是与所有的阻力做正面较量，拼个你死我活，还是积极地排除万难，去争取最后的胜利？生活是这样告诉我们的：不去事事计较、处处摩擦的人，才不会消磨自己的凌云壮志。

家 风 故 事

曹操中庸处世

官渡之战中，曹操仅有 7 万兵力，袁绍有 70 多万兵力，兵力悬殊可见一斑。为了避其锋芒，曹操采纳智者的谋略出奇兵火烧了袁绍的粮草重地，把袁绍打得落花流水。

由于仓皇出逃，袁绍竟没有来得及处理那些重要密件，密件全部落入曹操手中，其中还有曹操手下一些将领因惧怕袁绍强大而暗中写给袁绍的密信。许多忠将建议曹操把那些写密信的人全部杀掉，以除后患。聪明的曹操却说："大兵压境，袁绍那样强大，就连我也几乎发生了动摇，不能坚定自己的意志，何况他人?"于是，他下令把所有的密信当众烧掉了。

正当那些写密信的人心惊胆战地等待处罚时，却没料到曹操不但没有治罪于他们，还把他们通敌的证据全部烧毁了。这件事让他们从内心深处对曹操感恩戴德，从此便死心塌地地为曹操卖力。一些敌对势力的谋臣勇将听说曹操如此大度不计前嫌，也都纷纷前去投奔，为他建立宏图大业创造了条件。

曹操火烧密信，是他个人的智慧，也是他懂得中庸处世，对别人不事事计较的表现。其实真正熟知中庸之道的人就像曹操那样，他们的心是大智慧与大容忍的结合体，有勇猛斗士的威力，有沉静蕴慧的平和。行动时干练、迅速，不为感情所左右；退避时，能审时度势、全身而退，而且能抓住最佳时机东山再起。中庸而非平庸，没有失败，只有面对挫折与逆境积蓄力量的沉默。

品行有信以立德

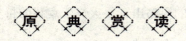

【原文】

服人者德也。

——《止学》

【译文】

让人信服的是一个人的品行。

立 德 之 道

　　品行的影响力，是强权和势力无法做到的。强权和势力可以使人暂时
屈服，但不会让人心悦诚服，而这正是最大的隐患。一个人的失败可以有
多种原因，但如果他品行不失，就终有成功的转机。一个人的成功能找出
许多理由，如果他品行不端，就不会善始善终。人们只有在心甘情愿的情
况下，才能真正地尽心尽力，永不背叛，而品行不端的人无恩无义，自难
使人为他效命了。

家 风 故 事

宁失城不失信的晋文公

　　晋文公称帝之后，图霸天下。他的大臣子犯却以为不可，他进言说：
"主公新立，百姓不知主公仁德，纵是屈从也是心不在焉，主公哪有胜机呢？倘若人心未服而争霸天下，必生变乱，到时晋国尚是不保，更难让天下人归附了。"

晋文公心领神会，他压下野心，首先在治理国事上树立仁德的形象，有损其声望的事他一点不沾，纵是委屈自己也愿意。

由于当年晋文公帮助周襄王安定了王室，此时周襄王便赏他阳樊、温、原、攒矛四邑。四邑之中，只有原邑不愿归顺晋国，晋文公无奈起兵来攻。

原邑的首领原伯贯为了抗拒晋军、聚众参战，他散布谎言，欺骗原邑百姓说晋兵滥杀无辜，阳樊的百姓让晋兵都杀光了。原伯贯的手下有人曾劝阻他说："大人欺骗百姓，只能骗得一时，又何能为大人树立威信呢？大人当以德行号令百姓，这才是长久之道，否则原邑必失也。"

原伯贯不耐烦道："形势危急，我还考虑那么多吗？眼下保邑要紧，只要能激起民心，什么事不可以做呢？"

听闻晋兵如此凶残，原邑百姓一时大恐，便纷纷武装起来，誓死保卫原邑。

晋文公和大将赵衰率兵前来，见原人同仇敌忾，心中暗惊。赵衰思忖片刻，他向晋文公建议说："如此局面，皆因原人不信服主公之故，只要主公取信于原人，原邑不攻也可归主公所有。"

赵衰细陈其计，晋文公连连称好，于是他派人和原人约定，如果三天之内晋军攻不下原邑，晋军就自动撤兵。

原邑军民不信其言，只是拼死力战。晋军攻到第三天，这时有原人偷偷溜到晋军营中，向晋军说："我们抵抗，都因听信了原伯贯的谎言。现在我们已经探知晋军并未杀害阳樊的百姓，所以议定明晚偷开城门，迎接你们入城。"

这样的喜讯，晋军将领听之振奋，遂不把先前约定之事放在心上。晋文公却不以为喜，坚持依约撤兵，他对劝他改变主意的各位将领说："品行是一个人的最大财富，信用是维护品行的一大支柱，治国处事，都依赖它啊。我已约定在前，如不守约示信，就是品行有失，谁会真正信服我

第一章　立德修身：德行完美立于世

呢？若为原邑让我愧对天下，我是不屑这样做的。"

第二天天一亮，晋文公就传令班师。原邑百姓见状，感佩不已，他们互相传颂说："晋侯宁失城不失信，真是少有的有道之君，有这样的君主治理原邑，当是我们的福分，我们还担心什么呢？"

原邑百姓马上遍插降旗，许多人还出城追赶晋军，原伯贯阻止不住，只好乖乖投降了。

晋文公和赵衰单车进入原城。他丝毫不以征服者自居，反是礼下于人，十分谦恭，原邑百姓欢声雷动，场面十分热烈。

在如何处置原伯贯的问题上，有人主张杀之以树权威，晋文公不但不肯，还以王朝卿士的礼节相待原伯贯，他就此说："杀人害命，乃不得已而为之，岂能轻言杀戮？我军既已获胜，当以养德安民为要，还是不杀的好。"

原邑之行，极大地提高了晋文公的威望，他的仁德传遍天下，为他日后争霸打下了良好的基础。

品德是才能之主

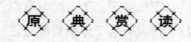

【原文】

德者才之主，才者德之奴。有才无德，如家无主而奴用事矣，几何不魑魅猖狂。

——《止学》

【译文】

品德是一个人才能的主人，而才能是品德的奴婢。如果一个人只有才能而缺乏品德，就好像一个家庭没有主人而由奴婢当家，这样哪有不胡作非为、放纵嚣张的呢？

立 德 之 道

德与才是有机的统一体，二者不可分割，不可偏废。宋代政治家司马光在总结历史上用人治国的经验教训时指出："才者，德之资也；德者，才之帅也。"德靠才来发挥，才靠德来统率，二者相辅相成，同样重要。只有德才兼备，才为贤者。

品德是才能的主人，才能是品德的奴仆，这个比喻是很独特的，却也十分恰当。一个人如果缺"德"，无论他有多渊博的知识、多强的能力、多高的水平，都不能称得上是一个完善的人。

家 风 故 事

朱元璋以"德"教子

明朝开国皇帝朱元璋虽然是文盲，妻子也并非名门闺秀，但孩子们都非常出色。这得益于朱元璋对孩子的教育。元朝灭亡的教训让朱元璋更明白"为政以德，譬如北辰，居其所而众星拱之"的道理，辛辛苦苦打来的江山岂能在自己百年之后就付诸东流？因此朱元璋非常重视子女教育，他认为，"德"既能补体，也可补智。他既重视教育孩子求知，更重视帮助他们"正心"，即品德教育。

一天，在大殿上，太子、诸王静候一旁，朱元璋严肃地训诫他们说："你们知道'进德修业'的道理吗？古代的君子，德充于内，又表现于外，所以器识高明，善道日多，恶行邪僻都退避三舍。自己修道已成，必能服人，贤者集拢你的周围，不肖者远避。能进德修业，则天下国家未有不治，不然就没有不失败的。"

为了达到使诸子"进德修业"的目的，朱元璋还亲自为孩子的老师制定了对孩子的教育方针。他说："好师父要做出榜样来，因材施教，培养人才。教的法子，最重要的是正心，正了心，什么事都可办好；正不了心，各种私欲便乘虚而入，十分危险。你们需以实学教导，不要学一般文士，只是背诵辞章，毫无好处。"

根据这一方针，开国以后，朱元璋除在宫中建大本堂，收存古今图籍，聘请各地名儒，以儒家典籍教育诸子外，还精心挑选了一批有封建德行的士人，充当太子宾客和太子谕德，对诸子进行严格而又系统的封建"德行"教育。基于"连抱之木，必以授良匠；万金之璧，不以付拙工"的思想，洪武元年立皇太子后，朱元璋便委开国重臣李善长、徐达、常遇春等分别兼任太子少师、太子少傅和太子少保，让他们"以道德辅导太子""规诲过失"，使太子有长足进步。特别是被称为"开国文臣之首"的宋濂，对太子的德行修养影响最大。

从朱元璋教育子女可以看出他主张：百学德先行，育教先育德。一个人如果想要学富五车，才高八斗，首先要把自己的德性修炼好。

富贵名誉德中求

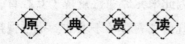

【原文】

富贵名誉，自道德来者，如山林中花，自是舒徐繁衍。

——《菜根谭》

【译文】

世间的财富、地位和名声，如果是通过提高品行和修养所得，那么就像生长在山野的花草，自然会繁茂昌盛、绵延不断。

立德之道

凡事有因有果，世间没有不劳而获的道理，致富求贵也不例外。

我们希求富贵，但富贵不会从天而降。这正像有人说过的一句话："人活着的每一天，都应该努力去追求财富。只要创造的财富是正大光明的，这个人就会得到别人的尊敬与赞扬。"虽然人人梦想富贵，但是富贵如果来得名不正言不顺，就会像花盆、花瓶中的花一样，迟早会凋谢。

我们想要得到财富，想要过上好生活，就必须自己动手，坚守道德，只有在付出辛勤努力的同时不逾越道德的底线，才能收获甜美的果实。

家风故事

王妄贪心被蛇吞

有个名叫王妄的人，虽然穷困潦倒，但心地善良。这个人30多岁仍一无所成，也未娶妻，靠卖草维持生活。

有一天，王妄到村北去打草，发现草丛里有一条七寸多长的花斑蛇因为受了伤，动弹不得，王妄遂救了此蛇，带回家中。蛇苏醒之后，为了表达感激之情，向王氏母子俩颔首点头。王氏母子见状非常高兴，为蛇编了一个小荆篓，小心地把蛇放了进去。从此王氏母子精心照顾小蛇，蛇慢慢长大了。

此时，宋仁宗当政，仁宗整天不理朝政，对宫内生活深感枯燥，想要一颗夜明珠赏玩，公告天下谁能献上一颗，就封官受赏。王妄听闻此事，回家对蛇一说，蛇沉思了一会儿说："这几年来你对我很好，而且有救命之恩，我总想报答，可一直没机会，现在总算能为你做点事了。实话告诉你，我的双眼就是两颗夜明珠，你将我的一只眼挖出来，献给皇帝，就可以升官发财，老母亲也就能安度晚年了。"王妄听后非常高兴，可他毕竟和蛇有了感情，不忍心下手，说："那样做太残忍了，我不能这样做。"蛇说："不要紧，我能顶住。"于是，王妄挖了蛇的一只眼睛，把宝珠献给皇帝。宝珠在夜晚能够发出奇异的光彩，把整个宫廷照得通亮，皇帝非常高兴，封王妄为大官，并赏了他很多金银财宝。

第一章 立德修身：德行完美立于世

皇上得到宝珠后，娘娘也想要一颗，于是宋仁宗下令寻找另一颗宝珠，并说把丞相的位子留给第二个献宝的人。王妄遂起了歹念，想要蛇的另一只眼睛。于是他回到家中去找蛇商量，但是蛇无论如何不给，劝说王妄道："我为了报答你，已经献出了一只眼睛，你也升了官，发了财，就别再要我的第二只眼睛了，人不可贪心。"

王妄早已鬼迷心窍，根本不听劝，说："我想当丞相，你不给我怎么能当上呢？况且如果我不把你的眼睛交出去，如何向皇帝交代？帮人帮到底，你就成全我吧！"他执意要取蛇的第二只眼睛，蛇见他变得这么贪心残忍，只好说："那好吧！你拿刀子去吧！不过你要把我放到院子里再去取。"王妄闻言心中一喜，立刻将蛇放到院子里，转身回屋取刀子。等他出来时，蛇已变成了大梁一般粗，一口将这个贪心的人吞了下去。

这个故事虽然带有几分鬼神气息，但是对王妄贪婪之心的刻画入木三分。贫困时，他能保持善良的品格，富贵时，却在贪婪的泥沼中越陷越深，直到他为此付出生命。实际上，王妄是那类为了富贵而丧失道德的人的缩影。和这类人相比，那些生活在道德的阳光之下的人，虽然不一定能飞黄腾达，但凭劳动所得的钱财，会让人用得心安理得。

施德无关贫与富

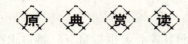
【原文】

平民肯种德施惠，便是无位的公相；士夫徒贪权市宠，竟成有爵的乞人。

——《菜根谭》

【译文】

一个平民老百姓如果愿意尽自己的能力，广积恩德、广施恩惠，他虽然没有公卿相国的名位，却同样受到世人景仰，那些有高官厚禄的士大夫们如果只是一味地争夺权势、贪恋名声，虽然有着公卿爵位，却像乞丐一样可悲。

立 德 之 道

在智者看来，这个世界上贫富有真假、地位需辩证。贫富的差异、地位的高低不以金钱的多寡和权势的大小来衡量，而是靠心域的广度来衡量。心域广阔的人，不仅关注自己，还会把他人的利益和福祸看在眼里，并广积恩德、广施恩惠，这样一来，即便他是一个地位不高的平民百姓也会感到身心富足；心域狭隘的人，不仅睥睨众生，只知把自己放在眼里，还会用大部分的心力为自己谋权争宠，这样的话，即便他已衣食富足、地位高贵，也逃不出精神的匮乏。

在生活中，帮助别人，会让我们的心域越来越广，乞求只会使私心越来越重、心域越来越窄。在帮助别人时，施与者应不存贪求福报的心，对所帮助的人不起分别，不着重于所施的东西。帮助别人不但是给予他人，

第一章 立德修身：德行完美立于世

也是给自己一个体验。如果一个家财万贯的人只知积聚财富、不懂付出，就会堕入枯萎的心境。如果一个生活水平一般的人能有助人之心，就会超越平凡的生活，成为心灵富足的有德之人。

家风故事

一个乞妇的感悟

曾经有一个乞妇，不但生活穷苦，而且连心灵也很贫乏。她贪求很多东西，这使她愈发觉得自己贫困不堪。有一天，她听说有个富翁要来自己的镇上布施，她决定去捞点好处。

她在离富翁布施不远的地方跪下，一直等到富翁看见她。富翁问她："你想要什么吗?"其实，富翁早已对乞妇的目的心知肚明，这么问只不过是要让她承认并亲口说出来罢了。

乞妇答道："我要食物，我要你将剩下的食物给我!"

富翁说："可以，不过你必须先说'不要'；我给你的时候，你一定要拒绝。"说着将食物递给了她。

这时，乞妇才发现说出"不要"二字竟然十分困难，这时候她才明白，原来自己一生都没有说过"不要"! 不论谁给她任何东西，她一向都说："好，我要!"因此，她觉得说"不要"太困难了，这两个字对她而言是完全陌生的。费了九牛二虎之力，她终于说出了"不要"二字，富翁于是将食物给她。

这时，这个乞妇忽然明白了，自己的贫穷是因为心域只够容得下自己想有、想要、想抓取、想占有的欲望，而容不下布施幸福爱心和不要贫穷的信念。

这个乞妇贫穷的根源不在于没有物质资助，而在于心灵的匮乏。因为贫穷，所以只把自己的温饱放在心里，没有更多的心灵空间去容纳他人。因此想要度人，先求自度；想要富贵，先让心灵富足。私心太重，贪心太足，只会让自己在狭隘、泥泞的心域越陷越深。

做人必要德为先

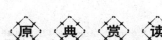
【原文】

子曰："君子和而不同，小人同而不和。"故君子得道，小人求利。

——《处世悬境》

【译文】

孔子说："君子求同存异，小人外和而内不和。"所以，君子收获的是道义，小人获得的是利益。

立 德 之 道

做事必先做人，做人必须德为先，良好的道德是评价一个人素质高低的首要标准。具有良好道德的人才会拥有正确的人生目标，无论哪个层面的人，在道德的指引下都能实现自我的人生价值。相反，道德沦丧的人，只会心术不正，做人没有是与非的界限，做事也没有正确的方向。

做事先要做人，尤其是作为领袖，如果没有良好的德行，又怎能教育好自己的臣民。舜以德治国，受到了人们的尊重。作为普通的民众，良好的德行是处世的基础。

家 风 故 事

舜帝治国德为先

尧是中国原始社会时期的部落联盟首领。尧当首领时，造福人民，待到年事已高，体弱力衰，就向各地发出求贤令，希望人们能举荐一个德才兼备的人来接替他的职位。

过了不久，有人举荐舜给尧。舜为人正直厚道，虽然父母兄弟对他不好，但他还是很孝顺父母，关怀弟弟象。

有一天，舜的父亲叫舜到屋顶上去搭顶篷，然后他悄悄地在下面放火，想烧死舜。舜见浓烟四起，火焰往上蹿，急忙一手举着一顶斗篷，好像张开翅膀一样跳了下来，脱离了危险。

一计未成，又施一计。过了几天，舜的父亲叫舜去挖井，等到井快挖好的时候，就把泥土倒进井里，想活埋舜。他们没想到舜在井底挖了一条斜巷，井被填死后，舜急中生智，从斜巷里挖开了一个出口，爬出来了。

象以为这次舜必死无疑，于是满心欢喜地跑进舜的房里，躺在床席上，自得其乐地弹起琴来。不料，舜平平安安地进屋来了，象大吃一惊，继而假惺惺地说："哥哥，你怎么挖井挖半天也不上来，我真为你担心呢。"舜并没有责怪象，反而说："谢谢你这么关心我，我没事。"

尧听了舜的这些事迹后，非常感动，于是把自己的两个女儿娥皇和女英都嫁给了舜。舜结婚后，带着两个妻子一起种地干活，仍旧孝顺父母，关心弟弟。舜的名气也开始往四面八方传播。

舜在历山脚下种地，本来那里的农民经常为了争夺土地而发生打斗，舜的事迹传到那里后，农民们开始相互谦让，你让我，我帮你，社会风气大变。舜到雷泽一带去捕鱼，本来那里的渔民经常为了一些蝇头小利而打得头破血流，舜一来，渔民们纷纷向他学习，相互礼让，和睦得像一家人。

尧听说后，认为舜确实是一个千载难逢的大德大才之人，于是将部落联盟的职位让给了舜。

舜担任部落联盟首领后，经常到各地去巡视，关心人民的生活。最后一次，舜巡视到南方苍梧地区时，不幸染病去世。娥皇和女英悲痛万分，赶至南方，也死于江湘之间。相传，她们常常扶着竹子悲切地痛哭，眼泪滴到竹子上，久而久之，凝成了斑斑点点的美丽花纹。这种有花纹的竹子，后来即被人们称为"湘妃竹"。

怀才不显以蕴德

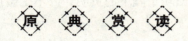 原 典 赏 读

【原文】

良贾深藏若虚，君子盛德不显。

——《处世悬镜》

【译文】

精于做买卖的商人会把宝贵的货物藏起来不让人轻易看见，修养深厚的人不会在人面前显示自己的德行。

立 德 之 道

最好的东西都是从不外露的，对于商人来说是这样，对于一般的人来说也是这样。所以我们行事也要学习这个道理，在远大理想没有实现之前，切记不要声张，因为世界上很多的事情都是因为事前泄密而半途而废的。在没有成就事业的时候就要低调处事。等待时机成熟之际方可出击，才能给对手毫无准备的打击，从而一举成功。精明者要精明得不露痕迹，既遵循事实，又令人愉悦，这可以说达到了一定的境界。

家 风 故 事

龚遂巧言话功德

西汉龚遂在渤海 (今河北沧州东南) 太守上任了好几年，政绩突出，

第一章 立德修身：德行完美立于世

深受当地百姓爱戴。这天，他忽然接到圣旨，皇帝要他进京接受召见。

　　龚遂在动身时，部下属吏王生提出愿意伴随他进京。此人素来喜欢酗酒，放荡不羁，龚遂本来不想带他，但又不忍心拒绝，只好答应了。

　　进京后，王生仍天天饮酒，并不理会龚遂。这天，轮到龚遂进宫面见皇帝，王生醉醺醺地从后面赶来，叫道："太守大人，等等，我……我有话要说！"龚遂停了下来，转身问他想说什么。

　　王生说："天子肯定要问你渤海郡是怎样治理好的。你不要罗列什么措施，应当说，都是陛下的圣德所致，归功于陛下的英明，并不是微臣的能力。"

　　见了汉宣帝后，汉宣帝果然询问他渤海郡是怎样治理的。龚遂想起了王生教他的话，便说："臣不才，没有什么特别的才能，不过是托陛下的洪福。渤海能有今天的局面，都是由于陛下您的圣德啊！"

　　宣帝听了，觉得龚遂很谦虚，十分高兴，笑着说："你是从哪里学来的这种谨慎厚道的话？一定有人教你吧？""我并不懂得该这么说，"龚遂如实禀报道，"这是部下王生教我的。"汉宣帝决定奖赏他们二人，便任命龚遂为都尉，提拔王生为远相。

　　龚遂没有把取得的成绩说成是自己的功劳，而将其归功于皇帝的"圣德"，以此博得封赏，可说是拍马屁的高手，但是能拍得恰到好处，也是需要一番功夫的，他这一招也为后世不少人所运用。

怀德者得以获德

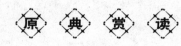

【原文】

君子怀德养人，小人趋利害人。怀德者德彰，趋利者利显。

——《处世悬镜》

【译文】

君子心怀道德是为了和人友好相处，小人追求利益不惜损人利己。最终，心怀道德的人收获德性，而追求私利的人得到利益。

立德之道

俗话说：种瓜得瓜，种豆得豆。种下什么就会收获什么，君子种下了道德，就会拥有一颗博大的心，去宽恕他人，去待人友善，而他最终也会收获他人的关心与帮助，收获的也是高尚的品德；小人种下的是私欲，所以他处处损人利己，最终他有可能会收获物质的利益，但仅仅是物质，没有人们对他的喜爱之情。

家风故事

陈霁岩心存仁德智取贪婪的马贩

明代，为加强军备，朝廷命令各州县定期供奉马匹，以备军用。那些不产马匹的州县为了解决这个问题就要去外地购买。这种情形下，产生了

017

第一章

立德修身：德行完美立于世

一大批以专门贩卖供奉马为业的马贩子。

每到上缴供奉马前，他们就到各州县去贩卖马匹。当上级对供奉马的上缴期限定得很紧时，马贩子们便借此时机抬价敲诈。

朝廷还规定供奉马不能太矮小，那些为了巴结上司的州县官们便千方百计求购高头大马，马贩子们抓住这一心理，拼命在马的个头上做文章，马每高出一寸，往往多要价 10~20 两银子。这些购马银两，最终都转嫁到老百姓头上。所以，不产马的州县官们对供奉马一事叫苦不迭，而老百姓更是苦不堪言。

开州 (今河南濮阳) 不产马，知州陈霁岩是个爱民廉政的清官，对供奉马一事早已不满，但自己是小小州官，哪有回天之力？所以他到任之后，只好在压马价、减轻百姓负担上做文章。

上缴供奉马的限期快到了。不少马贩子已赶着马来到开州，等着像往年一样狠狠赚一笔。哪知陈霁岩令购马官不要急于购买，到时候他将亲自去挑马。

来开州的马贩子们，赶着梳洗得油光发亮的高头大马待门而站，商量着怎样哄抬马价。哪知州衙购马官老不见影子，离上缴马限期只有三天了，马贩子们慌了，通过内线打听为什么，回信说："今年州官老爷要亲自去挑。"

马贩子们一下都雀跃起来。过去，每当知州老爷亲自来挑马，必拣最大个的多买，去讨上司欢心。看来，今年要赚大钱了。第二天就是缴马限期了，陈霁岩这才带购马属吏们去了马市。临行前，他告诉属吏："看我的眼色行事。"

来到市上，马贩子们都牵着最高的马来炫耀，准备讲价。陈霁岩一问价，又比去年高出不少。陈霁岩回头对属吏说："我已禀报太仆寺卿，因故我们州的马晚到二天，明天临淄有马市，不行就去那里购买。"他故意声音很高，众马贩子们一听，一下子泄了气。

缴马日期原是死的，越近马价越高，因为过了这天朝廷就要追查问罪。但一过了限期，各州县买完供奉马，马价马上就下跌一半还多。怎么办呢？众马贩子一嘀咕，只有降价在这里脱手，因为再去别的州也赶不上卖高价的日子了。

于是他们派人去找陈霁岩通融，愿降价出售。哪知陈霁岩又指着那些高大的马对属吏说："我已上奏太仆寺卿，开州的马较矮小。像这些六尺以上的高马，价太高了就不买，否则它们会显得别的马看上去更矮了。"

马贩子一听，像一下掉到水井中——浑身发凉，原指望用高头大马来敲一笔的，哪知却蚀了一把米。不卖吧，赶回去还得喂它一年，更不合算。无奈，只得再次把价格压低。看看价钱合理了，陈霁岩才下令收马。当日收齐，也没误了缴马期限。

有才无德非仁善

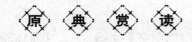

【原文】

德之不修，其才必曲，其人非善矣。

——《止学》

【译文】

品行不培养，人的才能就会用于偏邪，他的下场便不是善终了。

立 德 之 道

有才无德的人对他人的威胁最大，他们所造成的祸事也是最惨烈的。没有了道德的约束，一个人的才能纵是再大，也是不可依靠和信任的。那种重才不重德的人，不仅会迷失方向，更会成为他人的工具。才能不能代替品行，品行的增长有助于才能的提高，亦能规范才能的施展

第一章 立德修身：德行完美立于世

空间。自古没有善果的人，多不是他们无才所造成的，由此可见，无德才是人之大患。

滥施刑罚的宗翰

宗翰是金朝国相撒改的长子，17岁时就以勇敢出名。他的见识和才能也是别人不及的，当初阿骨打不肯称帝，别人的劝谏一概不听，宗翰此时就对阿骨打说："我军威望，全系主公一人，如果主公不顺应民心称帝建国，就无法团结天下民众。此举关系我军存亡，主公若存心谦让，反而会误了大事。"

一语点醒了阿骨打。金朝从此建立，阿骨打是为金太祖。

宗翰年纪虽轻，却足智多谋，屡建奇功。1121年四月，宗翰上奏金太祖，大胆提出征伐之议，他分析说："辽主德政不行，现已众叛亲离，貌似强大，实不堪一击。我军若大举进攻，必功有大成，此机万不可失啊。"

金太祖对宗翰十分欣赏，他曾在群臣面前夸奖宗翰说："我们宗室家族的人比你年长的多了，但是如果选择元帅，没有谁能够取代你。"

完颜雍做皇帝时，宗翰已是统掌军权的朝廷重臣，完颜雍是他的侄子，身为叔父的他并不把新皇帝放在眼里。完颜雍心中气恼，他的谋臣便献计说："宗翰自恃功高多智，陛下切不可小视他。若要除他，不能操之过急，否则打虎不成，反受虎害了。"

完颜雍听之心焦，气道："听你之言，朕就该忍气吞声吗？"

他的谋臣说："权宜之计，不可不行。依臣看来，宗翰虽才智过人，但他有致命一失，就是不修德行，滥施刑罚，众人对他心怀怨恨。如果陛下为安其心，暂授高位，他必骄横日烈，如此天怒人怨，陛下剪除他便可名正言顺，更会赢得众人的拥护。"

完颜雍采纳此计，封宗翰为晋国王，官都元帅、右保，又让他领尚书省、中书省、门下省事。宗翰集大权于一身，果然更加嚣张失德，暴虐加重，他对群臣无礼，又制定严酷的刑法压迫汉人。有人在市上拣了别人丢失的钱，依照他的"盗一钱即处死"的法令，那人被砍了脑袋，无辜枉死；有个路人拔了人家几棵大葱，也遭了死刑。宗翰还下令百姓不准离开家乡，有外出的，必须申报官府，领取"番汉公据"这样的路引文凭。如此一来，官路上几乎看不到行人，无人敢出去做买卖，百姓的怨恨更加强烈。

不仅如此，他还变本加厉地下令逼迫汉人剃发，凡抗命者一律处死。他又将汉人抓来当奴隶贩往他国。他杀人如麻，一次为了震慑云中百姓，他竟下令活埋了 3000 人之多。

宗翰的倒行逆施，朝野之士都恨之入骨，咒其速亡。完颜雍见时机已到，遂迅速变脸，轻而易举地就解除了他的兵权。宗翰权力一失，怨恨他的人纷纷揭发他的罪行，完颜雍趁势逼他绝食纵饮，不久便要了他的性命。

第一章

立德修身：德行完美立于世

第二章

仁爱善德：立天之道大仁爱

　　"仁"属于道德哲学范畴，它的内涵相当丰富。《中庸》云："仁者，人也。"《周易·说卦传篇》也说："立天之道，曰阴与阳；立地之道，曰柔与刚；立人之道，曰仁与义。"从中可以看出，古人把"仁"看作处世为人的最基本要求。在"仁"的价值内涵中，核心就是"爱人"。这也是"仁""爱"长期合二为一的根源所在。

百善以孝为首德

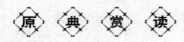

【原文】

羊有跪乳之恩，鸦有反哺之孝。

——《增广贤文》

【译文】

小羊下跪来吃母羊的乳汁，是为了报答父母的养育之恩；小乌鸦为了报达父母的养育之恩，当父母年老不能外出捕食时，就将食物口对口地喂养年老的父母。

立 德 之 道

古人云："百善，孝为先。"说明孝亲敬老是人类发展过程中形成的一种最美好的道德。如果人类应该友爱，那么首先应该爱自己的父母，其次才能谈到爱他人、爱集体、爱社会、爱祖国……试想，一个人如果连自己的父母都不爱，连孝敬父母、报答养育之恩都做不到，谁还相信他是个有爱心、有责任感的人呢？那么，又有谁愿意和他打交道呢？谁又相信他能够无私奉献、报效祖国呢？

孝顺长辈是我们中华民族的传统美德。在我们祖国几千年的历史长河中，孝顺是一朵朵美丽的浪花，浇灌了中华民族的兴盛和昌隆。有关孝顺的美谈层出不穷，数不胜数。目前，社会上一些不孝敬父母的行为引起我们的反思：一味强调父母的养育之责，长期依赖父母的供养，或把父母的积蓄和家产据为己有；视父母为保姆，恨不能把老人最后的力气榨干；把父母当累赘，甚至把老人赶出家门，乞讨流浪。在世界上任何国家，一个哪怕是地位最显赫或最富有的人，如果他不孝敬自己的父母，也不会得到人们的尊敬，甚至会遭到社会的强烈谴责。"羊知跪乳之恩，鸦有反哺之孝。"动物尚能如此，何况人呢？

人生于世，长于世，源于父母和长辈，是他们给了我们生命，教给我们最基本的生活技能，辛勤养育之恩，终生难以回报。所以说孝敬父母，尊敬长辈，是做人的本分，是天经地义的美德。父母儿女亲情，是人类最原始、最本能的情感，是一个人善心、爱心和良心形成的基础情感，也是今后各种品德形成的基本前提。

家 风 故 事

缇萦上疏救父

汉文帝时期，在临淄这个地方出了一个很有名的人，她就是勇于救父的淳于缇萦。

淳于缇萦的父亲叫淳于意，是个读书人，非常喜欢医学，还经常给别人看病，所以在当地小有名气。后来他做了太仓令，但是他为人耿直，不会拍上司的马屁，所以在官场上很不得意，没有多久就辞职当起医生来了。

一次，淳于意被一位商人请去为他的妻子看病，结果商人妻子的病情没有好转，反而在几天之后死了。大商人仗势欺人，向官府告了淳于意一状，说他看错了病，致人死亡。

当地的官吏也没有认真审理，就判处他肉刑（当时肉刑有脸上刺字、割鼻子、砍左足或右足等），要把他押解到长安去受刑。

淳于意有 5 个女儿，就是没有儿子。在他被押解到长安去受刑的时候，他望着女儿们叹气说："可惜我没有儿子，全是女儿，遇到现在这样的急难，一个有用的也没有。"

听到父亲的话，小缇萦又悲伤又气愤。她想："为什么女儿就没有用呢？"因此，当衙役要把父亲带出家门时，她拦住衙役说："父亲平时最

第二章　仁爱善德：立天之道大仁爱

疼我，他年龄大了，带着刑具走不太方便，我要随身照顾他。另外，我父亲遭到不白之冤，我要去京城申诉，请你们行行好，让我和你们一起去吧。"

衙役们见小姑娘一片孝心，就答应了她。当时正值盛夏，天气反复无常，时而雨水涟涟，时而天气晴朗。天晴时，小缇萦就跟在父亲旁边，不停地为父亲擦汗；遇上阴雨天，她就打开雨伞，以防父亲被雨水淋湿。

晚上，小缇萦还要给父亲洗脚解乏。这一切，深深地感动了押送淳于意的衙役。经过 20 多天的长途跋涉，他们终于来到了京城。办理完相关的手续之后，淳于意马上就被关进了牢房。小缇萦不顾疲劳，马上开始四处奔走，为父亲喊冤。

可是，人们一看申冤的是个未成年的小姑娘，便不予理睬。小缇萦想，要解决父亲的问题，只能直接上疏皇上了。于是，她找来纸笔，请人帮忙将父亲蒙冤的经过一一写好，恳求皇上明察。同时她还表示，如果父亲真的犯了罪，她愿代父受刑。

第二天，小缇萦怀里揣着早已写好的信，来到皇宫前。就在那时，只见不远处尘土飞扬，马蹄声声，一辆飞驰的马车直奔皇宫而来。小缇萦心想："上面坐的一定是一位大臣。"她灵机一动，用双手举起书信，跪在马车前。

车上坐的是一位老者，他看到了小缇萦，便俯下身来，关心地问："小姑娘，为什么在这儿拦住我的去路，是有人欺负你了吗？"小缇萦就把父亲被抓的事情一五一十地告诉了这位大臣，并请求他把信带给皇上。

听小缇萦说得那么诚挚恳切，这位大臣答应了她的要求。皇上读了这封信后，被深深地打动了，当他听说小缇萦千里救父的事情后，更是十分钦佩。之后，皇上亲自审理此案，并为淳于意洗清了不白之冤。

淳于缇萦作为一个古代的女子，却能够替父请命，孝心确实让人佩服。

要孝敬父母不能只有外表的花哨言行，还必须有真正付诸行动的爱。故事中的小缇萦，也许在她的心中根本就没有很明确的所谓孝顺的概念，但是，她拥有一种最朴素的孝顺行为，时时处处都想着自己的父亲，都站在父亲的角度来考虑问题。

君王仁爱恤万民

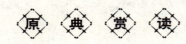

【原文】

夏有禹，商有汤。周文武，称三王。

——《三字经》

【译文】

夏朝的开国君主是禹，商朝的开国君主是汤，周朝的开国君主是文王和武王。这几个德才兼备的君王被后人称为"三王"（四个人称"三王"是因为文王其实没有开拓朝代，是武王建立周朝以后追封的）。

立 德 之 道

古人认为要治理国家必须要讲仁义道德，只有讲仁义道德的方法才能让人心服口服，而一些靠着武力制伏他人的统治方法，治理国家的效果比讲究仁义道德要相差很多，所以人们认为以仁义道德来治国，是最理想的统治方法，这种统治方法就被称为王道。

爱国和爱民是分不开的，提倡爱国的同时，也应当提倡爱民。我国各族人民创造了中华文明，建设发展了我们的社会主义国家；我国人民勤劳勇敢、自强不息、不畏强暴、热爱和平等。这些不能不激发我们既热爱祖国，又热爱人民的深沉感情。

"爱民"这一道德规范发端于"仁"的学说。仁的本质规定是对人的关爱。孔子说"仁者爱人"，就是尊重人、热爱人、同情人、帮助人，倡导人与人之间的亲善关系。从"仁"可以进一步"博施于民而能济众"，进入"圣"的境界。

　　偶尔施行一次"仁爱"是容易的，但要做一个真正的"仁者"，却需时时以一颗博爱之心去关爱世界。这就要求人应有顽强的毅力，要能持之以恒地坚守"仁道"。孔子就说："君子无终食之间违仁，造次必于是，颠沛必于是。"即使匆促急遽，即使颠沛流离，也要坚持"仁爱"，而不得以任何借口违背。曾子也说："士不可以不弘毅，任重而道远。"认为人应该以坚强的毅力来弘扬"仁道"，只有坚持不懈，矢志不渝，才能完成使命。

　　所以"仁爱"的践行是长期的、艰巨的，它需要人们在高扬主体性的同时，始终不懈地努力。

家风故事

古代"三王"以仁爱民

　　尧在位的时候，黄河流域发生了水灾，洪水淹没了人们的家园，夺走了许多人的生命，黄河流域的人们只好一步一步地向高处迁移，日子过得艰难极了。为了解决水灾，尧派一个叫鲧的人去治理洪水，但是鲧治理了九年也没有成功。

　　舜接替了尧做了总首领以后，也非常重视治理洪水，他认为，鲧的办事能力不够，所以洪水才迟迟无法退去，必须要换一个人去治理洪水才行。经过考察，舜发现鲧的儿子禹是一个难得的人才，于是决定由禹带领人们治理洪水。

　　禹是黄帝的玄孙，他的名字叫姒文命、姒高密，由于他曾经受封为夏伯，所以后人也叫他夏禹。由于他在位的时候做出了很大的贡献，所以我们也尊称他"大禹"。

　　大禹跟着父亲治理了好几年的洪水，他从父亲失败的原因里面总结了教训，想出了新的办法来对付洪水。那就是把大山从中间劈开，修建河道，让洪水从大山中间流过，流入东海。

后来，舜老了，别人劝舜把位子让给自己的儿子，但是舜认为自己儿子的人品不能做一个首领，所以他在考察了许多人的人品和能力之后，把首领的位子传给了夏禹。

禹一共在位了 27 年。在这 27 年里，禹向尧舜学习，他自己生活俭朴，用仁德对待百姓，使人民安居乐业，所以人们都非常拥戴他。孔子曾经对大禹有过很高的评价，说他是一位无可挑剔的君王。

大禹被称为我国最早也是最伟大的水利工程师，所以人们把他的生日——六月六日定为工程师节，以此来纪念他的伟大贡献。

大禹的儿子夏启建立了夏朝，夏朝持续了 400 年，最后传到了夏桀的手里，由于夏桀生性残暴，激起了民愤，最后被成汤带着反抗的百姓给推翻了。

成汤是我国历史上第一个带着百姓反抗残酷统治的人，在夏朝被推翻之后，众人推举成汤做国君，但是成汤没有同意，他谦虚地推荐别人担当这个重任。就这样，成汤谦让了三次，众人也拒绝了三次，一定要让成汤登上王位，后来成汤只好同意登上王位，建立了商朝。

成汤做了国君以后，每天都为了国家的强大而努力检点自己的言行，争取每天都有大的进步，对于国家大事和黎民百姓都十分关心。

商朝的统治存在了 600 年，由于最后一个国君纣王，也是因为残暴而失去了民心，最后商朝被周灭了。

周国原来是商朝的一个国家，周国的国君周文王被后人称为"圣人"。他从小就孝敬父母，做了国君以后，把政治和军事管理得井井有条，从不放松，他大力发展农业，实行裕民政策，还亲自和农人一起在田里劳动，所以周国的百姓全都愿意和他团结在一起，周国逐渐成为了商朝时最强的一个国家。

周文王去世后，他的儿子周武王选好时机，带着人去征讨残酷的商纣王，最后灭了商朝，占领了商朝的天下，成立了周朝。

夏、商、周三个朝代的开国君王，都能够用仁义道德统治天下，所以才能得到天下的太平，传说在他们治理国家的时候，甚至连气候都非常有规律，几天刮一次风，几天下一次雨，对于人民的生活和农作物的生长都

第二章 仁爱善德：立天之道大仁爱

产生了很大的作用，所以人们才能生活得幸福安康，天下太平。

夏、商、周三个朝代的开国君王被后人尊为"三王"，是人们对他们的统治成果的敬佩和赞扬。

心存仁爱万事成

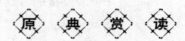

【原文】

和者无仇，恕者无怨，忍者无辱，仁者无敌。

——《处世悬镜》

【译文】

与人为善的人不会与人成为仇敌；会宽恕他人的人，别人也不会对他心生怨恨；能够忍耐的人，不至于遭受到大耻辱；仁义之人，万事可成。

立 德 之 道

古人云：积善可以成德。在人们道德品质形成过程中，积善占有极为重要的地位。离开积善这个道德实践，不仅道德认识、情感、意志、信仰无以产生，道德习惯也难以形成，哪能谈得上优良道德品质的造就呢？

积善的行为比金钱更能解除别人的痛苦。

善行，指具有积极的道德意义，被道德意义认识评价为善的行为。在人类历史上，人的善恶观念不同，善恶标准各异，人们确认的善行总是以人们的利益及其表现利益的道德原则和规范为转移的，符合某种道德原则和规范的行为就被称为善行。在社会公共生活中，个人处理与他人、集体或社会的关系时，一般把个人有利于他人、集体或社会的行为称作善行。

善良的人是不会有敌人的，只会得到人们的喜爱。善良的人也会有一颗宽大的心，能够包容人们的错误，任何事情在他们的心里就好像是小事，只要大家平安幸福，这就足矣，善良的人总会忍让别人，因为他们明白世界上没有什么可以争夺的，和平相处才是最好的。善良、宽恕，还有忍让，这就是博得人心最好的法宝。

家 风 故 事

包拯心存仁义救灾民

北宋年间的一年春末，开封连降暴雨，城内平地水深三尺，连文武百官上朝都得乘船，宋仁宗只好下了一道圣旨：洪水未退，百官免朝。接着，仁宗皇帝给开封府包拯又下了一道圣旨：令包卿三日退洪。

圣旨一下，包公左右的人都急出了一身汗，莫说三日，就是十天半月也退不了城里的洪水呀！包公却毫不在意地对张龙、赵虎、王朝、马汉说："要退洪水，何须三日?!"四人听了，大吃一惊："不知大人有何妙计?"包公小声对四人说："你们只需如此这般……"四人不觉连声叫好，接着就按包公的吩咐各自去了。

开封城从里到外有大小三座城，里边的是皇城，中间的是内城，外边的是外城。包公的船带着皇上从皇城出来，进入内城后，穿大街过小巷，不久就驶入外城，然后又左拐右拐地划到外城的惠民河。当船行到国丈张尧佐的青莲池边时，包公禀道："皇上，此池名青莲，池中虾戏鱼游，池上亭榭楼台，最出名的要数那落日余晖，天晴时，每当太阳西下，晚照余晖，风光宜人。只是景致虽好，可它却挡住了洪水的去路。"

仁宗皇帝打断包公的话说："包爱卿，你的意思我明白了。只要能退洪水，你想怎么办就怎么办吧。"包公赶忙跪下磕头道："谢皇上!"

原来，开封地处黄河南岸的汗水边，每年黄河涨大水时，汗河水位升高，便威胁到开封城的安全。为了防水，开封城高筑了挡水城墙，又在城墙外开凿了一条护城河。这条护城河能容纳开封城雨季的排水，使开封城不被淹。

后来，人们便把这条河叫惠民河。可是，渐渐地，惠民河却成了一条害河。原来，住在惠民河河边的皇亲国戚把惠民河围起来，养鱼种荷，建水榭凉亭，使得本来就只八丈宽的河面，挤得只剩四丈宽了，甚至有的地方还不到一丈宽。特别是张贵妃的叔父张尧佐，他的府宅正好建在惠民河进入汗水的岔口上，而他围占的青莲池又使得惠民河最窄处只剩七尺宽了。

惠民河的水一流到这里就被堵，一到雨季，就将水倒灌进城里。城里有了水，住在外城城外堤下的权贵就各自役使民夫在府宅周围筑堤拦水，使得惠民河越来越窄，水位越来越高。

包公的前任曾下令拆除河障，但张尧佐仗着自己是皇亲国戚，根本没把此令当回事，拒不执行。官司打到宋仁宗那里，仁宗皇帝不了解情况，自然向着张尧佐，因此，河障不仅没拆除，他们反而变本加厉，继续在惠民河上建乐园，以致终于酿成今日大水。

这时，从青莲池的拐弯处驶出了几只大船。船上的张龙、赵虎、王朝、马汉指挥几十个人一跃而上，跳到张尧佐的青莲池大堤，你一铲，我一镐，不一会儿就把拦在惠民河上的青莲池大堤铲除了，河水马上咆哮着注入汗水。

70岁高龄的国丈张尧佐听到外面呐喊声不断，不知出了什么事，正要到外边去看个究竟，一个管家慌慌张张地跑进来说："禀大人，不好了，皇上命包公疏通河道，现在已经把青莲池拆除了!"张尧佐一听是皇上巡河下的口谕，也无可奈何，气恨恨地说："那一定是包黑子搞的鬼!"

第二天下午，开封城内的水果真退了，全城百姓欢呼雀跃。仁宗皇帝又下了一道圣旨："住在惠民河边的人，不许困池养鱼，建亭榭楼台，阻碍河道，违者重重治罪!"从此以后，惠民河畅通了，开封城再没被洪水淹过。

不念旧恶念仁德

【原文】

君子不念旧恶，旧恶害德也。

——《止学》

【译文】

君子不计较以往的恩怨，计较以往的恩怨会损害君子的品行。

立 德 之 道

俗话说，大人不计小人过。要想成为君子，就必须拥有超过常人的雅量。世上的君子凤毛麟角，他们有宽广的胸怀、超前的眼光和不凡的见识。在君子看来，世间恩怨本是癣疥小事，若纠缠其中不能自拔，只会让人目光短浅，无法成就大事。何况修身养性，超凡脱俗，讲究的就是戒除俗见，洞悉世理，如果和平常人一样拘于俗情，其品德修养自然无从提升了，这对他们才是最大的损失。

家 风 故 事

孟尝君的情谊

齐国的孟尝君以君子著称于世，他广招天下宾客，谦恭地对待他们，唯恐有一点不周之处。一次，孟尝君在夜晚招待宾客吃饭，其中一位宾客因灯光较暗，看不清别人吃什么，嫌自己饭菜不好，以为孟尝君虐待他，就起身告辞。孟尝君猜出了他的心意，就拿自己的饭菜给他看，结果和他的一样。那位宾客自愧不已，当晚便自杀了。孟尝君痛不欲生，亲自祭吊他说："先生虽有小失，却不肯自谅，致有死难之事，先生的大义无人能比了。其实，这都是我不察之责，先生何必认真计较呢？先生既去，真让我无地自容啊。"

孟尝君大哭，人皆流泪。有的宾客遂上前劝他说："大人仁至义尽，要怪只怪他气量狭小了。大人礼贤下士，揽过在身，天下又有谁能和大人相比呢？"

孟尝君摇头道："人死不能复生，他人既去，你不该责备他了。何况他死得壮烈，不是君子，哪里有这等勇气与豪情？"

他斥责了劝说的宾客，亲写表文褒奖那死去的宾客。此事传出，投靠他的人更多了，他门下的宾客一时达到数千人之多。

宾客一多，难免有不良之徒混迹其中。孟尝君来者不拒，他的手下便劝他说："天下贤才，原有通天之能，这样的人归我门下，自有大用。如今不肖之人滥竽充数，大人如不仔细甄别，无用事小，只怕会坏了大人的名声，让天下人耻笑。"

孟尝君开口即道："才者无所不包，非你所见之俗也。我以好士自居，何能如小人一样用之便取？我诚心待人，自信人必诚心待我，如有亏失，我亦不能负人。这是君子大道，不这样，何以安服天下呢？"

宾客之中有一人品行不佳，他竟与孟尝君的一位爱妾眉来眼去，日久竟干下私通之事。

有人将此事报知了孟尝君，十分气愤地向他建议说："此人恩将仇报，与禽兽无异，大人若不将他处死，不但于大人声望有损，而且不能震慑他人。"

万不料孟尝君听之泰然，神色不动，只是默默无语。报告之人一时大急，又道："大人宅心仁厚，不良之徒正是利用了大人的善良，才敢如此胡为。对待大恶之人就该以牙还牙，大人为何无动于衷呢？"

孟尝君苦叹一声，嘘声道："事已至此，重惩何益？这都是我的爱妾把持不住，否则就大不相同了。男人喜爱美色是人之常情，我计较此事只会害我名声，加深仇怨，若是轻轻放下，对我对人不都是一种解脱吗？"

他压下不究，知情者都说他软弱，心中暗怪不止。

一年之后，孟尝君竟把那个宾客召到身边，对他说："你投靠我，自是希望出人头地，有所作为。今日有一机遇，卫国国君和我交情过密，我已为你备好车马银两，你就到卫国做官去吧。"

有了孟尝君的推荐，那位宾客在卫国受到了重用。他时刻不忘孟尝君的恩情，每思报答。后来齐国和卫国交恶，卫国想联合各国攻打齐国，那位宾客挺身而出，冒死进谏卫国国君说："齐、卫两国的先王曾有约定，他们的子孙世代交好。臣无德无能，有幸为大王效力，也全赖孟尝君的无私荐举。大王若攻打齐国，不仅违背先王的盟约，也对不住孟尝君的一片好心，若大王不纳臣言，坚持攻齐的打算，臣就死在大王的眼前。"

卫国国君深为他的仁义所动，答应了他的请求。齐国转危为安，人们都说这是孟尝君不计前嫌、宽容大度所带来的福报。

莫以善小而不为

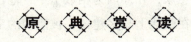

【原文】

大学之道，在明明德，在亲民，在止于至善。

——《大学》

【译文】

大学的宗旨在于弘扬光明正大的品德，在于使人弃旧图新，去恶从善，使人达到最完善的境界。

立 德 之 道

刘备曾教导儿子刘禅说："莫以善小而不为，莫以恶小而为之。"今天，这一准则仍然是我们的行为准则，生活中，当我们力所能及的时候，不要去拒绝帮助别人，哪怕是很微小的一件事。

生活中，我们经常会因为一件事太小，而不去做，比如，看到别人丢在地上的纸屑，我们会想，不就是一片纸吗？怎么能算善事呢？

其实，善事没有大小，有时候，或许就是一个眼神、一句温暖的话、一个拥抱、一个问候的电话，就能让别人感动万分，甚至能改变别人对你的看法。

世上没有小事，这是因为有时正是小事决定了整个事情的成败。所以，我们在做善事的时候，不要挑剔大小，正所谓"不积跬步无以至千里，不积小流无以成江海"，试想一下，一个人连小事都不去做，又怎么能做大事呢？

家 风 故 事

子产放生，小善看大善

子产是春秋时期郑国的政治家和思想家，在郑国为相数十年，他仁厚慈爱、轻财重德、爱民重民，执政期间在政治上颇多建树，被清朝的王源推许为"春秋第一人"。

子产心地仁厚，聪明善良。他济贫并救人于危难，喜欢行善，从不杀生。

一天，一个朋友送给子产几条活鱼。这些鱼很肥，做成菜肯定是一道美味。子产非常感激朋友的好意，高高兴兴地收下了礼物，然后吩咐仆人："把这些鱼放到院子里的鱼池里。"

他的仆人很不解地说："老爷，这种鱼是鲜有的美味，如果将它们放到鱼池中，池里的水又不像山间小溪那样清澈，鱼肉就会变得松软，味道也就不会那么好了，而且这些鱼在鱼池里说不定会死去。这是您的朋友送的礼物，您应该马上吃掉它们，一来不辜负朋友的美意，二来还可以补充营养。"

子产笑了："我怎么会因为贪图美味就杀掉这些鱼呢？我是不忍心那样做的，宁可让它们自然死亡，也不让它们死在餐桌上。"

再以后，每当有人赠送活鱼给子产，子产总是命人把鱼畜养在池塘里，眼见鱼儿悠游水中，浮沉其间，子产会心胸畅适，不禁感叹地说："得其所哉，得其所哉!"

人都需存有善念，心中有善就会觉得生活很充实。子产主张"为政必以德"，孔子称赞他："有仁爱之德古遗风，敬事长上，体恤百姓。"

正所谓"勿以善小而不为，勿以恶小而为之"。不要因为是一件微不足道的善事就不去做，也不要因为是一件很小的坏事就去做。生活其实就是由这些小事堆积形成的，更重要的是，这些小善和小恶会成为日后那些大善和大恶的基础。

小善与大善

诗人屈原在幼年时期就有悲天悯人的情怀。当时正逢连年饥荒，屈原家乡的百姓们吃不饱、穿不暖，时有沿街乞讨、啃树皮、食埃土者，幼小的屈原见之不禁伤心落泪。

一天，屈原家门前的大石头缝里突然流出了雪白的大米，百姓们见状，纷纷拿来碗瓢、布袋接米，将米背回了家。

不久，屈原的父亲便发现家中粮仓中的大米越来越少，他十分奇怪。

有一天夜里，屈原的父亲发现屈原正从粮仓里往外背米，便将屈原叫住，一问才知道原来是屈原把家里的米灌进了石缝里。

父亲没有责备屈原，只是对他说："咱家的米救不了多少穷人，如果你长大后做官，把楚国管理好，天下的穷人不就有饭吃了吗？"

自此屈原勤奋治学，成人后，他的才能被楚王听说，于是被召为官，管理国家大事。他为国、为民尽心尽力，被后世之人称颂，真正做到了由小善转为大善。

屈原的悲天悯人情怀早已流传千古。他自幼怜悯他人，此乃小爱，乃人之常情的爱；而他后来的爱国情怀，乃大爱。

孟子曾经说："存其心，养其性。"意思是保存赤子之心，修养善良之性。我们生来便有一颗赤子之心，不沾俗尘，不染污土。佛语云："爱出者爱返，福往者福来。"为他人奉献善心，为社会造福祉，他人和社会必定会以善回报于你。

滴水之恩涌泉报

【原文】

滴水之恩，涌泉相报。

——《朱子家训》

【译文】

即使受人一点小小的恩惠也应当加倍（在行动上）报答。

立德之道

在我们的生活中，常怀感恩之心，感恩我们遇到的每一个人、遇到的每一件事，会让我们的心灵更宁静，心态更平和，心情更愉快，生活得更开心，也会让我们赢得尊重，赢得信任，赢得友爱。

对父母要抱有感恩之心：是他们给了我们生命，把我们带到这个多彩的世界；是他们对我们付出无条件的爱，不管遇到任何事情，都是我们坚强的后盾，鼓励我们从一次次的失败中重新获得信心、振作起来。

对兄弟姐妹要抱有感恩之心：他们是我们永远的朋友，更久地陪伴我们走过人生。童年时共度的美好时光，青年时的知心朋友，中年时相互牵挂和想念，老年时血浓于水的亲情……

对教师要抱有感恩之心：是他们教授我们知识，教给我们为人处世的道理。当我们在人生前进的方向遇到困惑时，多了一位指引的导师；当我们的生活遇到困难时，多了一位经验丰富的亲人……

对我们自己也要抱有感恩之心：是我们今天的选择给了我们成长的空间，给了更多的成功机会；是我们知道了要感恩，我们的明天才更美好，当我们更积极乐观地面对生活时，才可能引导别人的明天更灿烂。

感恩困难，给了我们成长的机会和空间；感恩顺境，让我们品尝成功的喜悦并成为快乐的资源；感恩欺骗，让我们更懂得生活的真实，更珍惜可信赖的朋友；感恩信任，让我们不再孤单无助、充满力量；感恩痛苦，让我们更坚强；感恩快乐，让我们感受生活的美好……

感恩，是每个人都应具备的素质，也是我们要大力发扬的；感恩，融合了中国的传统文化，是人文精神的体现。我们要学习这种精神，内化自己，从而感染他人，让我们的生活、我们的社会更美好。

家 风 故 事

感恩图报

春秋时候，吴国的大将军伍子胥带领吴国的士兵要去攻打郑国。郑国的国君郑定公说："谁能够让伍子胥把士兵带回去，不来攻打我们，我一定重重地奖赏他。"可惜没有一个人想到好办法，到了第四天早上，有个年轻的渔夫跑来找郑定公说：

"我有办法让伍子胥不来攻打郑国。"郑定公一听，马上问渔夫："你需要多少士兵和车子？"渔夫摇摇头说："我不用士兵和车子，也不用带食物，我只要用我这根划船的桨，就可以叫好几万的吴国士兵回吴国去。"是什么样的船桨那么厉害呀？渔夫把船桨夹在胳肢窝下面，跑去吴国的兵营找伍子胥。

他一边唱着歌，一边敲打着船桨："芦中人，芦中人；渡过江，谁的恩？宝剑上，七星文；还给你，带在身。你今天，得意了，可记得，渔丈人？"伍子胥看到渔夫手上的船桨，马上问他："年轻人，你是谁呀？"渔夫回答说："你没看到我手里拿的船桨吗？我父亲就是靠这根船桨过日子，他还用这根船桨救了你呀。"伍子胥一听："我想起来了！以前我逃难的时候，有一个渔夫救过我，我一直想报答他呢！原来你是他的儿子，你怎么会来这里呢？"

渔夫说："还不是因为你们吴国要来攻打我们郑国，我们这些打鱼的人通通被叫来这里。我们的国君郑定公说：'如果谁能够请伍将军退兵，不来攻打郑国，我就重赏谁！'希望伍将军看在我死去的父亲曾经救过您，不要来攻打郑国，也让我回去能得到一些奖赏。"伍子胥带着感激的语气说："因为你父亲救了我，我才能够活着当上大将军。我怎么会忘记他的恩惠呢？我一定会帮你这个忙的！"伍子胥一说完，马上把吴国的士兵通通带回去。渔夫高兴地把这个好消息告诉郑定公。如此一来，全郑国的人都把渔夫当成了大救星，郑定公还送给他一百里的土地呢！

仁义之心不可无

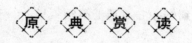

【原文】

况死士归我，当弃之乎？

——《颜氏家训》

【译文】

何况是那些敢死的勇士来投靠我，怎么能够舍弃他们呢？

君子立于天地之间，切不可大逆不道，犯上作乱。但是也不能爱慕虚荣，趋炎附势，害怕得罪了权贵。古时候的贤德之人是如此的大义凛然，如孔子融掩救张俭，孙嵩藏匿赵岐，这些事情被后世所传诵。类似这样的故事有很多。

《世说新语》记载，名士华歆、王朗曾一同乘船，逃避兵乱。有一个人想搭乘他们的船，华歆对此事多次不同意。王朗说："船还宽，为什么不答应？"终于让那人上了船。后来，贼兵追来了，王朗又想丢掉那个人。华歆说："原来之所以迟疑，正在这里——多一个人就增加了我们的困难。既然已经接受了他的请求，难道在情况紧急的时候又把他抛弃吗？"就继续带着他，帮助他。当世的人根据这件事判断华、王两人器识的高低。

王朗乐于做好事，但是到了有风险的时候，他就只顾自身而不管别人了。而华歆不愿随随便便地帮助别人，他在助人之前，首先考虑的是可能招致的麻烦，但一旦助人，便会不辞危难担当到底。

那些当初帮助收留义士的人，只是出于善良之心，救人于危难之中，并没有想从中捞取好处的意思。这种不顾自身安危，救别人于水火之中的精神，值得后人称道。

家 风 故 事

李疑行仁义

明朝时，金陵（今江苏南京市）城里流行着这么一种风气：市井居民出租自己家里的房屋来谋利。这种风气是怎样兴起的呢？只因为金陵是明朝的京城，四面八方的人向这里涌来，为官的、求学的、做生意的……各色人等，都聚集到这里。城里的客馆远远满足不了需要，家庭客店就诞生了。

其实，这种客店条件并不怎么好，一般只是一个小房间，小得只够放一张床铺，客人出来进去都得弯腰低头。每天天一亮，客人就外出办事，直到天黑才回来歇息，主人家连洗漱的水都不给准备，可一个月要收好几千文房钱。

人们贪图钱财，哪里顾得上情义，这样的事时常发生。房主见客人生病，就强行将客人撵出去。客人生急病奄奄一息，还没有咽气，就被房主抬出去抛在路上，他的财物早被房主吞没。快要分娩的妇女，被认为是"不祥之物"，没有房主会收留。

一时间，京城的市井被金钱弄得乌烟瘴气，人们利欲熏心，人情淡薄。可是，在这种环境里，有一个人与众不同，他品德高尚，行为仁义，名噪京里，这个人就是李疑。

李疑，字思问，家住南济门外。他是个读书人，很有学问，平时靠教几个学生，收些学米维持生活。学米数量有限，家里的生活时常发生困难，李疑就代人写些对联、书信，赚点钱补贴家用。他虽然贫穷，却非常慷慨，见到他人有急难，总是诚心相助。因此，他在京城里很有名望。

一天，一个衣冠不整、步履蹒跚的老人，拄着拐杖来到李疑家门口，见到李疑就泣不成声。

原来，此人名叫范景淳，是金华人，本在吏部做官，忽然得了急病。身旁没有亲人照料，又被店主人赶了出来。他拖着生病的身躯找了几家客店，店主们见他病得不轻，都不让他留宿，几天下来，他的病情更加严重了。

他恳求李疑："听说李先生多情多义，乐于助人，就请李先生收留我几天。我再也禁不住风寒，眼看就要倒卧街头了。"

李疑听了，连忙说："快快请进。"

李疑把范景淳让到屋里，马上让妻子去收拾房间。他家的住房本来不宽敞，此时却腾出一间来，打扫得干干净净，换上拆洗一新的被褥，请范景淳住下来。

李疑见范景淳病得不轻，为他请来医生诊治，还亲自给他煎药煮粥，一口一口喂他吃下去。每天早晚，他必定来到病床前，握着病人的手，问他哪里不舒服，想吃些什么东西，同时柔声细语地劝慰他，使他开心。真比服侍家人还周到耐心。

范景淳的病情并没有像预想的那样好转，反而恶化起来。不久，他不但不能起床，竟连大小便也失禁了。他的床单被褥经常被粪便玷污，又脏又臭，使人难以靠近。李疑却丝毫也不嫌弃，每次都为范景淳收拾床铺，揩抹冲洗，连一丝讨厌的神情都没有流露过。

范景淳流着眼泪对李疑说："给你添这么多麻烦，我怎么对得起你呀！看来，我恐怕活不长了，我再也没有机会报答你。我的钱袋里存有40多两金银，放在我以前住的那家客店里。你去把它拿来，就算我给你的报答吧。"

李疑答道："患难之时给人以帮助，这是做人的基本道理。我本应该这样做，怎么能收取报酬呢？"

范景淳激动地说："我深知李先生的为人。可是，这钱你不去拿，我死后，就会落到不相干的人手里，这叫我怎么甘心呢？"

李疑一想，说的很有道理，于是就请范景淳的一个同乡，和他一起找到那家客店，把钱袋取了回来。他当着范景淳的面把钱袋打开，点清了金银数目，登记入册，然后又将金银包好，贴上封条。

几天以后，范景淳不幸病故。李疑自己出钱，买来一口棺材，将范景淳入殓，然后把棺木停放在城南聚宝山上。同时，他写信到范景淳的家乡去，请范景淳的两个儿子立即到京城来。

等那两兄弟到了，李疑将范景淳的棺木交给他们，又取出那个封好的钱袋，还有当时记录的簿册，请他们过目，金银一分不少如数交给他们。

范景淳的两个儿子悲痛之余，非常感激李疑，不知怎么谢他才好，送给他一些钱和大米，李疑不但不收，反而送给两兄弟一些钱物，打发他们早早起程回乡，免得家人惦念。

两兄弟流着泪告别了李疑。

还有一次，李疑发现一位妇女躺在路旁的草丛里哭泣，一问原委，原来这是耿子廉的妻子，就快要生小孩了。

耿子廉是浙江平阳人，被人冤枉，判了重刑，解往京城里来。他的妻子一路陪着他，到了京城，因为快要临产，各家客店都不许她留宿，她走

第二章　仁爱善德：立天之道大仁爱

投无路，悲恸欲绝。

李疑非常同情这个孕妇。他回家对妻子说："谁都可能遇上急难，眼下耿子廉一家处在危难之中，我岂能袖手旁观？再说，这世上人的生命是最宝贵的，如果分娩时受到风寒，这母子二人的性命就难保了，我们怎么能眼看他们母子死去。我不在乎什么禁忌，情愿接她来家里住。不知你意下如何？"

李疑的妻子是个贤淑的女人，她二话不说，马上同李疑一起，把那个孕妇接到家里。

住下的第二天，那个妇女顺利生下一个男孩。李疑吩咐妻子好好服侍这母子二人，就像自己以前服侍范景淳那样。在李疑一家的精心照料下，这母子二人都很健康。

满月以后，那妇女抱着儿子向李疑辞行，说了很多感激的话，然后拿出金银作为报答。

李疑拒绝收下这些金银，他说："我们不过做了应该做的事，你不必挂在心上。以后，你一人带着孩子，需要钱的地方还很多，这些金银就留给孩子用吧。"

李疑出钱雇人，将他们母子送回家乡。

李疑好事做了一辈子，人们因此敬佩他，都愿意跟他交朋友，连京城里的一些知名人士和官员也都非常敬重他，慕名前来结交他。也曾有人推荐他去做官，但被他辞谢了。直到去世，他仍是个平民布衣，但他的德行却无人不知无人不晓，他的美名千古流传。

做人莫看眼前利

【原文】

然而穷鸟入怀，仁人所悯。

——《颜氏家训》

【译文】

一个走投无路的小鸟投入人的怀抱，仁慈的人都会去怜悯它。

立 德 之 道

人活在世，应该有同情怜悯之心，儒家的"仁"说的就是要具有慈善之心，看到别人的痛苦后，在自己的能力范围之内伸出援助之手。不要因为眼前的小利益，而放弃对"仁义"的积累。"仁义"貌似看不见，摸不着，却是一种无形的资产。

释迦牟尼曾遇见一只饥瘦的秃鹰，正急迫地追捕一只温驯善良的鸽子，鸽子惊慌恐怖，看到释迦牟尼，仓皇投入怀中避难。秃鹰追捕不得，周旋不去，显露出凶恶的样子对释迦牟尼说："你为了要救鸽子的生命，难道就让我饥饿而死吗？"释迦牟尼问鹰说："你需要什么食物？"鹰回答："我要吃肉。"释迦牟尼一声不响，便割自己臂上的肉来抵偿。可是鹰要求与鸽子的肉重量相等。释迦牟尼继续割自己身上的肌肉，但是越割反而越轻，直到身上的肉快要割尽，重量还不能相等于鸽子。鹰便问释迦牟尼道："现在你该悔恨了吧？"释迦牟尼回答说："我无一念悔恨之意。"为了使秃鹰相信，又继续说："如果我的话，真实不假，当令我身上肌肉，生长复原。"誓愿刚毕，身上肌肉果然当下恢复了原状。这虽是寓言，却令人感动不已。

宋代名臣范仲淹身居高位，却克勤克俭，一生乐善好施。他薪俸的大部分都用来接济有急难的人，晚年在故乡买义田置义庄，作为范氏宗族和附近百姓的公共福利机构。他博爱众人，当时的士子大多出于其门下。

除置义庄、办义学外，范仲淹的仁义之举是很多的。他被贬到浙江当官时，一名小吏孙居中死在任上，家贫子幼，缺路费，不能回乡。范仲淹赠钱数百缗，雇了一条船，把灵柩和一家老小送归家乡。他派一位老牒吏护送，为避免途中为关卡阻滞，交给其一首诗，并嘱咐道："过关过卡，把这个拿出来就行了。"诗云："十口相携泛巨川，来时暖热去凄然。关津若要知名姓，此是孤儿寡妇船。"

他去世的时候，四方百姓，包括归附的羌人，纷纷给他画像立祠，痛哭流涕犹如自己的父亲去世，斋戒了三天才散去。这都是因为他广积仁义，乐善助人才会被时人如此敬重啊！

生活在现代的人更应该懂得"仁义重于利"的道理，积累千金，不如积累人心。人气旺了，钱财自然也随之而来了。

家风故事

冯谖"仁义"

仁义不像钱物那样看得见摸得着，可能一时之间，还不能显示出广施仁义的益处，但仁义的光芒是潜在的、恒远的，总有一天会照耀施仁的人，比眼前的利益要可贵百倍。

齐国孟尝君有数千食客，一天，他派冯谖到薛邑收债，并交代："先生看我缺什么，就买些什么吧！"冯谖到薛邑核对账目后，便假传孟尝君的命令，把债款赏给负债诸人，并烧掉了债券，人们很感激。

冯谖回复孟尝君说："我考虑到您有无数的珍宝、牛马、美女，只缺少'义'，因此我替您买了'义'。"孟尝君很不高兴。

一年后，孟尝君失宠，被赶出国都，回到薛邑。门客都逃散了，只有冯谖跟着。薛邑百姓因当年受过孟尝君的仁德帮助对他夹道相迎。孟尝君很感慨："先生为我买的'义'，今天终于看见了！"

遵礼守节显仁德

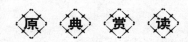

【原文】

仁者好礼，不欺其心也。

——《止学》

【译文】

仁德的人喜好礼仪，是不愿欺骗他的思想。

立 德 之 道

　　仁德的人遵礼守节，却往往为此吃亏上当，蒙受损失。这种现象让许多人抱怨不休，而仁德的人却不因此有所改变。好人难做，方能显出好人的可贵，而好人的信念是不能因得失轻易动摇的。不欺骗自己的思想，有时是件很难的事，人会有各种理由和借口让自己口不对心，言不由衷。这样做平常人习以为常，不以为患，而在仁德的人看来，这却是最大的缺失，是一定要禁止的。

家 风 故 事

鲁宗道以仁德教太子

宋真宗时，鲁宗道身为太子的老师，时刻以仁德无欺、勤政爱民教育太子。一次太子问他说："自古朝堂仁义有失，欺瞒盛行，莫非都是失之教化之故？人们既知仁德的珍贵，为何又少有践行呢？"

鲁宗道一脸严肃地告诫太子说："俗人见利忘义，虽知书却忘却礼仪，这是他们不能致远之故啊。要想真正有所作为，就不该学他们那样。目标远大，仁德恒有，是古来君子的立身之本，他们不为俗利所惑，所以超群出众，其名不朽。"

鲁宗道家住京城东门外，他常去邻近的一家酒馆喝酒。一天，他在酒馆之时，不想宋真宗有事派太监找他。太监在他家等了很久，鲁宗道回来自责不已，急忙换上官服，随太监进宫。

太监见鲁宗道一路惶急之状，便有心难为他说："你此时面见皇上，皇上必然怪你姗姗来迟，你如何解释呢？"

鲁宗道摇头叹道："是我不好，我自请皇上责罚。"

太监心知鲁宗道的为人，对他素有敬佩，他见鲁宗道这样难过，于是开口劝他说："事情突然，皇上也未必会怪罪你的。为了不致受罚，你还是说点谎话吧，此事你知我知，我为你保密便是。"

鲁宗道停下脚步，一脸的不高兴，他对太监说："为人者当以诚信为本，为臣者当以忠直为要，我身为太子之师，若为免罪欺君，岂不罪上加罪？此事我想都不敢想，你为何要害我呢？"

太监想他误解了自己的好意，接着马上低声说："你喝酒误事，这个罪名已然犯下，只有闭口不说才能无事。我这是为你着想，岂有害你之意？"

鲁宗道口气稍缓，他训诫太监说："这只是你的迂腐之见，你以后不要自恃聪明了。你以为自欺欺人会有许多好处，其实不然。自欺者良心有失，日夜不安，被欺者终有察觉之日，到头来要吃大亏的就只能是自己了。凡事不要心存侥幸，一旦有了欺人的想法，错就会越犯越大。"

见了宋真宗，鲁宗道先是请罪，后将实情一一相告，没有丝毫隐瞒。宋真宗默默听之，脸色渐渐缓和下来，他又问他说："身为朝廷大臣，不该去私家酒馆饮酒误事，你一向自律严谨，为何犯下此过?"

鲁宗道老实说："臣贫寒，家中没有器皿，而那酒馆价廉物美，百物齐备，是以常去。今日又恰巧有远方亲戚造访，臣就请他喝了几杯。"

经过此事，宋真宗见识了鲁宗道的忠实耿直，不禁感叹他的君子之风。他不仅没有降罪于他，还认为他正可做太子的师表，对他给予了极大的信任。

第二章

仁爱善德：立天之道大仁爱

第三章

无私公德：光明磊落铸公德

　　无私是不偏心，也是公平公正，是中华民族的美好品德。公德一般是指存在于社会群体中间的道德，是生活于社会中的人们为了我们群体的利益而约定俗成的行为规范。现今社会，大到为国为民，小到为己为身，无时无刻不在召唤着无私公德的真正回归。

真诚待人求无私

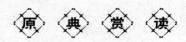

【原文】

谋身者恃其智，亦舍其智也。

——《止学》

【译文】

谋划保全自身的人依靠其智计，也要舍弃其智计。

立德之道

保身之术五花八门，在常人眼中，唯恐保身之术手段不高，智慧不深。人们在绞尽脑汁苦修此术之时，注注忽略了舍弃此术的神奇效能。再好的智计也有破绽，在特殊时期，对特定的对象，智计的这些缺憾一旦被人捉住，弄巧成拙事小，暴露自己、被人利用事大。其实，一个人只要行事无私，堂堂正正，真诚待人，是无须过多依赖智计保身的，否则，纵使你再阴险狡猾、多方谋划，到头来也会原形毕露，身败名裂。

家风故事

魏徵仗义执言

魏徵，字玄成，巨鹿人，唐朝政治家。曾任谏议大夫、左光禄大夫，封郑国公，以直谏敢言著称，是中国历史上最负盛名的谏臣。

有一年，唐太宗派人征兵。宰相封德彝建议：把16~22岁的人全部征来当兵。魏徵觉得这样做很是不妥，他严肃地对唐太宗说："若是把 16~22 岁的人全部征来当兵，那他们的地谁种？国家又从哪里征收租、赋、调和徭役呢？"唐太宗听了，恍然大悟："你说得对。"于是他没有采纳封德彝的意见。

唐太宗曾经问魏徵说："历史上的君王，为什么有的人明智，有的人昏庸？"

魏徵说："多听各方面的不同意见，就会明智；而如果只听一方面的意见，肯定就会昏庸。"他还举了历史上尧、舜和秦二世、隋炀帝等人的例子，说："治理天下的君王如果能够采纳下面的意见，那么下情就能上达，他的亲信要想蒙蔽也蒙蔽不了。"唐太宗听了连连点头。

有胆量的人是不惊慌的人，有正义的人是考虑到危险而不退缩的人。在危险中仍能保持正义的人是勇敢的，因为他站在了"理"的立场上，相信自己的出发点是好的，总可以打动对方内心去改变一些事情。魏徵就是一个这样的人。

有一次，唐太宗听信谗言，批评魏徵包庇自己的亲戚。经魏徵辩解，唐太宗知道是自己错怪了他。魏徵乘机进言道："我希望陛下让我成为一个良臣，不要让我做一个忠臣。"

唐太宗惊讶地问："难道良臣和忠臣有区别吗？"

魏徵说："有很大区别。良臣拥有美名，君主也得到好名声，子孙相传，千古流芳；忠臣因得罪君王而被杀，君王得到的是一个昏庸的恶名，国破家亡，而忠臣得到的只是一个空名。"唐太宗听后十分感动。

魏徵进谏，不管唐太宗是否乐意，往往触怒龙颜。即使当唐太宗雷霆震怒时，他仍能神色镇定，从容陈词。

有一次上朝的时候，魏徵跟唐太宗争得面红耳赤。唐太宗憋了一肚子气回到内宫，见了长孙皇后，抱怨道："总有一天，朕要杀死那个乡巴佬！"

长孙皇后很少见唐太宗发那么大的火，便问道："陛下想杀哪一个？"

唐太宗说："还不是那个魏徵！他总是当着大家的面侮辱朕！"

长孙皇后听了，回到自己的内室，换了一套朝见的礼服，向太宗下

第三章 无私公德：光明磊落铸公德

拜。唐太宗不知何意，便问她这是干什么。长孙皇后说："臣妾听说有英明的天子才有正直的大臣，现在魏徵这样正直，正说明陛下的英明，我怎么能不向陛下祝贺呢!"长孙皇后的一番话令唐太宗的怒火平息了下去。

正是在魏徵的辅佐和劝谏下，唐太宗避免了一些劳民伤财之举，并且取得了贞观之治的大好局面。

643 年，魏徵去世后，太宗十分怀念他，对左右大臣说："以铜为镜，可以正衣冠；以古为镜，可以知兴替；以人为镜，可以明得失。魏徵去世，朕失去了一面好镜子啊!"

有人说过，做有益的事、说有胆量的话、期望美好的事，这对人的一生足矣。见到错误的东西不敢管、不愿管，"事不关己，高高挂起"，这并不是宽宏大量，而是胆小怕事。对于坏人坏事，一味退让、姑息养奸是不可取的，必须坚决与之斗争。即使有时必须为此付出昂贵的代价，也要毫不动摇地坚持原则，宁可丢掉个人利益，也不能丢掉一身正气。

德高无私不仗势

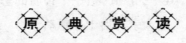

【原文】

君子势不于力也，力尽而势亡焉。

——《止学》

【译文】

君子的势力不表现在权势上，以权势为势力的人一旦权势丧失，势力也就消亡了。

势力的内涵是广泛的，对势力的不同认识直接影响着一个人的行事方法和人生命运。品德低下、投机钻营的人，会视权势为他们捞取好处、颐指气使的资本，一旦窃据，便恃之为己谋利，飞扬跋扈，不可一世，其下场也就注定了不会善终。君子以德让人钦敬，他们的义举和善行深得人心，传之千古，是不会因之有无权势而消减的，这才是势力的真正含义，也是人们所能永久依靠的利器。

令人叹服的范质

范质是北宋初年的宰相，他去世后，宋太祖赵匡胤对身边的大臣说："范质德高无私，仅有住宅，不积置财物，是真正的宰相啊！"宋太宗赵光义也评价他说："在宰相中，能遵循法度，保持廉洁品格的，没有超过范质的。"

范质自幼聪明好学，9 岁就会写文章，13 岁就研习《尚书》。他于933 年考中进士，不久就被提拔为封丘县令。

上任伊始，范质不行威仪，对人谦和，多方讨教。他还深入乡间，有时竟和农夫坐地闲谈。他的属下提醒他说："民不畏官，则官威尽失，民不可治。大人这般做法，有何益处呢？"

范质训斥他们说："治民之道，重在教化。教化之道，首当令其无有戒心。为官倘若只知妄下命令，又何以服人呢？"

有人讥笑范质不懂为官之道，于是多方排挤他。范质看在眼里，所行并不稍改。上司派人几次调查范质的一些所谓"劣迹"，结果都因百姓称赞，政绩卓然，让别人的诬告全然落空了。

范质后来入朝为官，仍待人谦逊，从不自高自大。他的朋友见他不置田产，仍守清贫，不解地问他说："权势在手，当恃之兴家置业，耀人在前，否则权势当是无用之物了。你整天读书，劳神费力，真是枉为辛苦啊！"

范质回答说："仗势行私，巧取豪夺，这不是读书人该干的事啊！目光短浅的人借此放纵暴敛，到头来害人害己，又哪是永久之道？我志在为国尽力，修身修德，不勤加学习，日后怎能担起重任？"

周世宗第一次征伐淮南，范质力劝周世宗不要前去扬州。当时范质为周世宗的老师，周世宗见他哭谏，只好答应他了。第二次周世宗率军欲进扬州，大臣窦仪劝谏不可，周世宗便勃然大怒，想要杀他泄恨。群臣见皇上决心已定，无人敢谏。范质欲要进言，他的朋友都阻止他说："窦仪和你并无深交，若因为他求情得罪了皇上，太不值得了。我们的权势都得来不易，此祸避之不及，不要自找麻烦了。"

说这种话的人多了，范质深以为忧，痛声说："身为臣下，眼见君主有失，而无人敢谏，亡国之兆啊！权势在我为大，可一旦国之不存，我们的权势又在哪里呢？做人不能违背良心正义，你们的说法我不敢苟同。"

他冒死苦谏，痛哭流涕，周世宗最后终于赦免了窦仪。

范质在宋为相时，宋太祖十分信任他，对他言听计从。有人多次对宋太祖打小报告说："范质为前朝高官，未必真心归附我朝。他常常卖弄恩情，不惜牺牲朝廷利益，当是别有他图了。"

宋太祖初有疑心，后独召范质，和他谈论国事家事，这时范质针对时弊，多有创见，毫不保留。事后，范质还上疏宋太祖说："人们唯恐自己的权势不高，所以千方百计地讨取陛下的欢心，说陛下爱听的话，办陛下想办的事。这对己看似有利的事，其实害了国家；一旦陛下猛醒，必会降罪于他，这也是他们的取祸之道。臣只知国家大义，凡事直言无忌，若为此惹上祸端，也只是我一个人的损失，不负陛下的知遇之恩。"

宋太祖看罢唏嘘不已，动情地对身边人道："如此忠臣，我竟险些错怪了他，可见忠臣实在难为啊。他的见识远逾常人，难怪他有君子之行了。"

公正廉洁抒正气

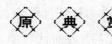

【原文】

居官有二语，曰：惟公则生明，惟廉则生威。居家有二语，曰：惟恕则情平，惟俭则用足。

——《菜根谭》

【译文】

做官有两句格言：只有公正无私才能明断是非，只有廉洁才能树立威信。治家也有两句格言：只有宽容才能心情平和，只有节俭家用才能充足。

立德之道

公、廉，应该属于道德范畴，是一种摒弃一己之私的高风亮节，是一种清白磊落的处世姿态，是一种宽厚博大的胸襟气量，也是一种修身养德的立人之道。

对于领导者来说，公正、廉洁乃立身之本。公生明，廉生威，只有公正无私才能明断是非，只有清明廉洁才能树立威信。古人云："有威则可畏，有信则乐从，凡欲服人者，必兼具威信。"若身有正气，即便清贫如洗，也能够不言自威，相反，如若是贪恋细利而徇私枉法，即便是位高权重，在人们眼中也仅是蝼蚁之轻。

家 风 故 事

狄仁杰廉明断案

狄仁杰一向以刚毅正直、执法严明和廉正无私而著称。在他任法官期间，一年里曾处理积压案件1.7万多件，因办事公正，人人信服。

有一次，守卫唐太宗昭陵的几个飞骑军校尉，在本地依仗权势，任意欺凌百姓，抢夺钱财，侮辱老人，打骂儿童，当地老百姓对此气愤万分，可是又拿他们没办法。因此，每当这批人出来，百姓都唯恐躲避不及。这件事被驻守在当地的将军中郎将权善才知道了，权善才气坏了，他马上下令把这几个人抓起来，狠狠地教训了他们一番。从此，这几个人对权善才怀恨在心，总想找机会报复。

有一天，权善才在驻地的山边伐树，没留意误砍了昭陵的几棵柏树。得知了这件事，这伙人可乐坏了，心想机会终于来了。他们马上把这事添油加醋地报告了唐高宗。唐高宗大怒！他马上找来狄仁杰，怒气冲冲地说："马上给我把砍树的人抓起来，格杀勿论。"

狄仁杰刚接到这个案子，也很吃惊，立刻进行调查。经过人证物证的反复核实，狄仁杰认为，权善才确实是误砍了树，按照法律，应该免官，但还没到杀头的程度。

很快，狄仁杰就把自己调查的结果和根据法律对权善才的处理意见告诉了唐高宗。高宗本以为权善才已被处死，没想到狄仁杰这么办事，没等狄仁杰讲完话，就勃然大怒，厉声斥责说："权善才胆大包天，竟然砍了皇陵上的树，这是目无皇权，大逆不道，我岂能容他。如果不处死他，我不是要承当不孝的罪名吗？"

狄仁杰受到唐高宗的呵斥，看到皇帝震怒，心里一阵紧张，头上的汗都要下来了。可是他并没有被吓倒，又接着说道："朝廷的法律，是陛下您制定的，作为臣子，我有责任维护法律，如果陛下您杀了权善才，就破坏了自己制定的法律，那么其他人再违反了法律该怎么办呢？所以，我不能执行您的命令杀死权善才。"

　　这时，在朝的文武百官看到皇帝发这么大火，狄仁杰还敢振振有词地辩解，都为他捏了一把汗，真怕他触怒了唐高宗，引来杀身之祸，所以纷纷示意他不要再说了。可是狄仁杰并没有停止，又继续说："汉文帝时，曾有人盗窃高祖庙中的玉环，文帝要治以诛灭九族之罪，廷尉张释之当面诤谏，最后汉文帝采纳了张释之的建议，处以盗窃犯以弃市之罪，而没有株连其他族人。如今陛下不采纳臣的建议，臣即使死了，也羞于在九泉之下与张释之相见。再说，法律是天下人的法律，是广大老百姓依据的行为准则，没犯死罪的人被您处死的话，那不是失信于民吗？要是有人盗了皇陵上的土，陛下用什么办法来加以重罚呢？我之所以不敢奉行您的旨意去杀权善才，是不想使您蒙受不道德的恶名啊。"

　　听完狄仁杰这番语重心长的劝谏，唐高宗半天没说出话来，沉思了一会儿，高宗的怒气渐渐地消了。仔细回味狄仁杰的话，唐高宗终于领悟了其中的道理，于是，他依法免除了权善才的死刑。这件事在朝廷内外引起了震动，大家都佩服狄仁杰临危不惧、舍身护法的行为，对唐高宗能听从正确的建议、改变初衷的胸怀也纷纷赞扬。通过这件事，唐高宗更喜欢狄仁杰了，还授予他侍御史的官职。

　　清廉刚正不仅仅难在自己守法，不奢侈腐败，更难在当有人要违反法律做出错事时，敢于挺身而出，不畏强权，维护法律的尊严，坚持真理。因为"廉"总是与"正"联系在一起的。

第三章｜无私公德：光明磊落铸公德

克己奉公守正身

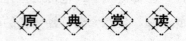

【原文】

国而忘家，公而忘私，利不苟就，害不苟去，惟义所在。

——《汉书》卷八《贾谊传》

【译文】

忙于国事而忘了自家，因为公事而忘了私事，见到利益并不苟且地追求，遇到危害也不苟且地避开，这些正是义的表现。

立 德 之 道

克己奉公，就是克服自己的私心，一心为公。克己奉公是一个有机的整体，"克己"才能"奉公"，"奉公"必须"克己"。

克己奉公要正确地处理公与私、个人与集体、个人与国家的关系。克己奉公就是当国家、集体利益与个人利益发生矛盾和冲突时，应当以国家、集体利益为重，先公后私以至公而忘私。

克己奉公，公而忘私，并不否认正当的个人利益。在服从国家、集体利益的前提下，兼顾个人利益，既有利于国家、集体利益的实现，也有利于个人事业的成功和道德品质的提高。

克己奉公是中华民族的一种美德，也是社会主义和共产主义道德的一种优秀品质，又是社会主义职业道德在人们职业生活中的具体要求。

克己奉公这种美德主要表现为：严格克制自己的私欲，约束自己，按照规范要求，尽心竭力，秉公办事。《后汉书·祭遵传》中载："遵为人廉约小心，克己奉公。"这句话就是赞扬东汉将领祭遵严于津己、清政廉洁、执行公事不徇私情的克己奉公美德，并形成美德典故，广为传颂。

在社会主义条件下，克己奉公作为一种高尚的道德品质，主要表现在严格要求自己，一心为集体，一切以人民和国家的利益为重。它要求人们忠于职守，尽职尽责，一心为公，不徇私情；不利用职权之便以权谋私，或假公济私。它还要求人们积极工作，诚实劳动，为国家、为社会创造精神财富和物质财富，全心全意为人民群众谋利益。

在社会主义现代化建设中，继承和发扬克己奉公的美德传统，有利于克服某些腐败现象，纠正某些行业中存在的不正之风，促进并实现社会风气的根本好转，形成良好的社会风貌。对于加强社会主义精神文明建设，提高人们的社会主义建设的积极性和创造性，具有十分重要的意义。

家 风 故 事

武七克己奉公

清朝有个叫武训的人，本来就没有名字，因他排行第七，人们就叫他武七。武七很小就死了父亲，家里很穷，跟随母亲沿街讨饭度日。母亲去世后，他有时讨饭，有时帮工。他恨自己不识几个字，发誓要攒钱办义学。他乞讨度日，衣衫破烂，白天讨饭，晚上织布。有人劝他娶妻，他也婉言谢绝。这样乞讨、帮工的钱辛辛苦苦地攒了30年。

武七在柳林庄办了一所私塾进行义务教育，仅修建校舍就花费了4000缗钱。开学那天，他安排了丰盛的酒席招待老师，自己却站在门外，直到酒宴完了，才进去吃了些残羹剩饭。武七对不勤奋的学生，总是耐心规劝，有时竟泪流满面。地方政府为了表彰他勤俭办学的精神，给他起了个名字叫武训。后来，他又积攒了1000多缗钱，在临清办了一个义务学校。1896年，武训死在他所开办的临清义务学校的屋檐下，终年59岁。他在病情十分严重的情况下，听到学生的读书声，还睁开眼睛微笑。武训这种行乞办学、克己为民的精神，不断激励着后人无私奉献，投身于教育事业。武训节俭朴素，乞讨攒钱，兴办义学，正是以自己清贫的生活来换取众多孩童受教育的机会。这样的事迹是"克己奉公"最好的范例。

戚继光克己修身

戚家祖先戚祥跟随明太祖南征北战，立下赫赫战功，最后为国捐躯。明太祖特封他的后代到登州（今山东蓬莱）担任指挥佥事，并且世代承袭。

戚家将因家风严而闻名。第六代戚家将叫戚景通，文武全才，刚正不阿，被人誉为难得的好官。

戚景通任江南粮把总。一次，他押运粮食入太仓时因没有给仓官送财物，而遭到仓官的刁难。戚景通的部下张千户一向佩服戚将军，就送来300 两银子请他用钱打通关节，避免灾祸。戚景通拒绝了："我因不愿违背良心才得罪赃官，若是收下你的银子，不也同样是违背良心吗？"后来戚景通因此而丢官。

官场上的厄运并没有让戚景通伤心，令他不如意的只是年过半百还膝下无子。1528 年，夫人为 56 岁的戚景通生下了一个男婴。他激动地说："我为儿子取名继光，要他继承、光大将门家风，前程无量！"

戚继光从小跟随父亲读书习武，10 岁时，他就读了许多兵书，还能写出一些漂亮的诗文。

戚景通白头得子，钟爱异常。他对自己的儿子寄予了殷切的期望。戚继光少年时，戚景通就经常给他讲，武将必须有舍身报国的高尚气节，打起仗来应有身先士卒的勇猛精神。他希望儿子将来能继承和发扬自己的事业，对戚继光的要求十分严格。

当戚景通告老返乡时，祖居的房屋已近百年，很是破旧。次年，他打算修缮一下，命工匠安设四扇镂花门户。工匠们对戚继光说："公子家是将门，请安设十二扇镂花门户吧！"戚继光向父亲提出这个意见。父亲严厉斥责了儿子这种图虚荣、讲排场的想法，说他贪慕虚荣，连这点家业也会保不住的。戚继光虚心地接受了父亲的批评。

戚继光13岁那年订婚了，亲戚送他一双考究的丝履。戚继光穿着这双丝履走过庭前，父亲看见了，十分生气地批评他："为将之道，文武双全。文要精熟韬略，足智多谋；武要临敌破阵，武艺高强。然而更重要的是为官清正、爱兵如子。从小不贪图富贵，将来才能和士兵同生共死。你这样做以后就势必要侵占士卒的粮饷，以满足自己的欲望。"最后，父亲还将丝履毁坏，不让戚继光从小养成奢侈享受的坏习惯。

戚景通不仅竭力制止儿子沾染坏习气，还十分注意把儿子往正路上引导。一次戚景通问戚继光："你的志向何在？"戚继光答："志在读书。"

戚景通告诉戚继光："读书的目的在于弄清'忠孝廉洁'四个字，否则就什么用处也没有。"并命人把"忠孝廉洁"四个字写在新刷的墙壁上，让戚继光时时省览。戚景通教育儿子忠于国家，孝顺父母，克己奉公，讲求气节，对儿子的成长起了很好的影响。

戚继光一面刻苦学习武艺，一面立志发愤读书，以求继承父业。戚继光博览群书，学业大进。15岁时，戚继光就以深通经术闻名于家乡一带。后来，戚继光果然成为一位平定倭寇的民族英雄。

由此可知，成大事者需要有抵制一切诱惑的意志力，严于律己，正其身，方可成为优秀的人。

063

第三章 无私公德：光明磊落铸公德

公平待人以立世

【原文】

圣人一视同仁，笃近而举远。

——《韩昌黎集》

【译文】

圣人一视同仁，对亲近者诚恳，对疏远者也同样诚恳。

立德之道

大道，这里指儒家最高的理想政治，即大同社会的政治，具体指五帝时的禅让制度和博爱无私的风气。这和道家的"大道"不同。意谓大道实行时，天下属于公有；大道消失以后，天下变成了私家所有。"天下为公"既是理想社会、理想的政治制度，又是理想的道德境界。

平等讲的是人格上的对待关系。要做到对他人的平等，就要公平待人，而要待人公平就需要摒弃偏见。谁要想成为一个平等待人的人，就必须克服外界各种环境带来的干扰，谨防偏见。

平等待人，对人做出公正的评价有三忌：一忌偏心。内心公正，行为才能公正；内心偏颇，行为也就偏颇。平等待人首先要在思想上有端正的态度，否则就不能公正待人。二忌偏激。遇事应冷静，用理智来控制自己的情感。头脑不冷静便易于偏激，难免说过头话，办过头事，造成难以弥补的损失。三忌偏废。不能以个人的好恶来进行判断和决策。古人所说的"好不废过，恶不去善"，正是这个道理。对于一个领导者或管理者来讲，这点尤为重要。待人允许有偏爱而不允许有偏废，绝不能把个人偏好作为决策的依据。

齐威王平等待人以强国

战国初年，经过长期的兼并，数百个诸侯国被吞并，所剩诸侯国已经为数不多了，齐威王上任后，平等待人，选贤任能，改革政法，很快使齐国成为诸国中的强国。

一天，齐威王召见即墨大夫，对他说："自你到即墨任职后，诋毁你的话每天都有。我派人去巡察，发现那里荒地被开垦，人民生活有保障，官府没有困扰百姓的事，齐国的东方得以安宁。但是你却没有讨好我的左右，求其美言，反而招致恶语攻击。为了悬赏你，封你为食邑万户。"

接着，又把阿大夫召来，对他说："自从你到阿地就职，赞扬的话不绝于耳，每天都可以听到。但我派人去调查，发现阿地田园荒芜，民不聊生。赵国攻甄城时，你坐视不动；卫国袭击薛陵时你没有发觉。因为你用金钱大肆贿赂我的左右，他们都为你文过饰非，大唱赞歌。"

这天，齐威王对阿大夫以及对他大唱赞歌的人处以极刑，于是群众都震惊、惧怕了，再也不敢弄虚作假，欺骗君王，人人都恪尽职守，很快使齐国强于天下。

065

第三章 无私公德：光明磊落铸公德

心中有公不饱私

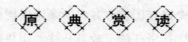

【原文】

君子行法，公而忘私；小人行贪，囊私弃公。

——《处世悬镜》

【译文】

君子按照道德法纪办事，行公道而忘却自己的私利；小人贪心，中饱私囊而忘记了公众利益。

立德之道

人最伟大之处就是心里永远装着别人的幸福与安康，而忘却了自己。这样的人如果身居高位，那他一定会为民办事，深受爱戴；如果他是平凡的人，那么他的善良也会让人们赞叹。相反，只顾谋取私利的贪官、只会占小便宜的人，他们是收获了物质的快乐，可是在道德上却背上了骂名，失去了做人的底线，那些物质又有何用？

见利不贪是非常可贵的品质。改革开放为人们展现了多种机遇。同时，五花八门的诱惑也不时向人们袭来。这就需要我们在纷繁的大千世界中，具有抗拒各种不正当欲望的能力，增强拒腐防变的能力，努力做到见利不贪，洁身自爱，纤尘不染。

子罕不贪美玉

春秋时期，宋国的一个农夫在耕地里捡到一块精美的宝玉，他请一位玉工来做鉴别，玉工赞不绝口地说："这块宝玉好极了，没有一点毛病，是个宝贝啊! 不过你得小心，别在人家面前显露，免得让人家偷去!"玉藏在家中，他担心被盗；把它卖掉又怕上当。想来想去，他决定把这块宝玉献给他敬重的司城（即司空，相当于相国一职）大人子罕，子罕没有接受。农夫说："我把它拿给玉工看过了，玉工认为是一块宝玉，所以才敢进献于您的。"子罕回答说："我以不贪为宝，你以美玉为宝，我如果接受了你的宝玉，岂不是咱俩都丧失了宝物? 还不如各人保守自己的宝物。"一些德高望重的长者感叹说："子罕不是没有宝物，只是他以德为宝，他的宝物与别人不同罢了!"

对于什么是宝贝，历来人们有着不同的看法。有的人以玉石为宝，有的人以珍珠为宝，有的人以黄金为宝。当然，不能说这些东西不是宝贝，可是如何得到这些宝贝则要正确地对待。上面这个典故就说明了子罕不贪不义之财的高贵品质。

把"见利不贪"的品德比之为宝，而且是任何宝贝都不能替换的宝贝，是因为这种品德是内在的高贵品格，不是外在的宝物。外在的宝物是有限的，可得可失的。内在的品格则是无价的，不会像外物一样遗失。因此，子罕令人敬佩之处，就在于他拒收宝贝。如果他收下了礼物，那么清廉不贪的名誉也就不存在了。虽然拥有宝玉，但却落个贪财受礼的恶名，这是子罕不能接受的。

南文子巧识阴谋免灾祸

春秋时期，自从晋国失去霸主地位，国势愈加衰落。到了晋定公时，晋国六卿势力强大，渐渐互相争权，根本不把国君放在眼中。自范、中行二氏被灭后，尚存智、赵、魏、韩四卿。晋之大权，尽归于智伯。

智伯以结好卫国的名义，派使者赠送给卫侯四匹良马和一枚白璧。卫侯看着膘肥体健、四蹄生风的良马喜不自胜；捧着价值千金，通体透明白如凝脂的宝璧爱不释手，笑得眼睛都眯成了一条线。见到国君十分高兴，群臣都来祝贺。

上大夫南文子也来了，他看过良马，又看了宝璧，不仅没有向卫侯致贺，脸上反倒蒙上了一层忧虑之色。卫侯奇怪地问："智伯派人送给寡人良马宝璧，举国上下无不欢喜庆贺，而您面带忧虑是怎么回事？"南文子说："没有功劳受到赏赐，没有力量收到重礼，不可不考虑一下。良马宝璧，这是小国供奉大国的礼物，而现在大国却把礼物送给我们弱小的卫国，国君您不觉得奇怪吗？智伯眼下独揽晋国大权，早有吞并赵、魏、韩三家的野心，怎么会向卫国结好呢？""上大夫的意思是……"卫侯有些明白了。"臣以为，智伯定有吞并卫国，壮大自己势力的企图，国君不可不严防。"于是，卫侯命令大将屯兵边境，严加戒备。

智伯果然发兵前来偷袭，他带着大队人马刚至边境，见卫国边防戒备森严，只好叹了口气说："卫国有贤人，已料到我的计谋了。"智伯无机可乘，回晋后又生一计。他与长公子颜密谋，假装父子失和，让颜装作被他驱逐并带着部分军队投奔卫国，以便里应外合。

南文子再次识破这一阴谋，他说："公子颜贤名远近皆知，智伯又很宠爱他，无缘无故逃亡卫国，其中必然有诈。"他对晋国来的密使说："卫国可以收留公子颜，但他的车乘若超过五辆，就不许入境。"智伯听说了此事，赞叹道"南文子真是料兵如神啊"。于是，他打消了偷袭卫国的念头。

罚不避亲扬正义

【原文】

罚不避亲贵，则威行于邻敌。

——《管子·立政》

【译文】

如果执行军法不回避皇亲国戚、达官贵人，那么不用打仗就能够威震敌国。

立 德 之 道

治国，如果没有严明的法律，国家就会陷于混乱，治国者如能"去私曲""就公法"，就会民安国治。治军，如果没有严明的法律，军队就会丧失战斗力，成为乌合之众，而如能"去私行""行公法"，军队就能强胜，就能战胜敌人。由此可见，严于执法、不徇私情、秉公办事的重要性。

秉公办事，就是在工作中面对公与私、个人与集体、个人与国家的关系时，按照公平、公正的原则，把公利与私利统一起来，在遇到矛盾的时候，要以集体和国家利益为先，做到先公后私，不徇私情，秉公论断。秉公办事要以"公"心为基础，如果从个人的感情和利益出发，就很难做到公正、公平；不能抛弃个人恩怨，不能去除一己之私，也不能做到公道处事。

家风故事

李通秉公办案

李通，江夏平春（今河南信阳西北）人。东汉末年，与同郡陈恭起兵于朗陵（今河南确山县）。汉献帝建安初年，李通率部到许昌归附曹操，因作战有功被封为建功侯，并做汝南郡阳安都尉，执掌一郡的军事大权。

李通对自己要求十分严格，从不居功自傲，更不徇私枉法，受到百姓的爱戴。

有一天，李通听说妻子的伯父在汝南郡所辖的朗陵县犯了法，刚正不阿的朗陵长赵俨为了严肃国法，不因罪犯是自己顶头上司的亲戚而加以宽容，而是公事公办，立即把罪犯抓了起来，并依法判了死刑。李通正在为赵俨为民除害高兴时，他的妻子哭哭啼啼来找李通，苦苦哀求李通想办法营救她的伯父。李通不肯答应，她劝道："逮捕判刑的权力虽在县里，但生杀大权却由郡里掌握。只要你说句话，不予批准，伯父就不会被杀掉。你就救救他吧。"妻子说着，声泪俱下。

不管妻子怎样哭求，李通一点也不动心，说什么也不答应。他严肃地劝告妻子说："我正和曹丞相打天下，怎能以私废公呢？你伯父犯了法，理应依法处死。我身为一郡都尉，必须秉公办事、公平执法、为国尽力，不能置国法于不顾！不管你怎么说，我绝不会干徇私枉法的事！"

不久，李通妻子的伯父按赵俨的判决，依法斩首了。

李通不仅没有怨恨赵俨，反而十分敬佩他，夸他忠于职守，执法不阿，说他是做大事的人。后来，李通还请赵俨喝酒，和他交了朋友。

曹操见李通为人耿直，大公无私，十分器重他，不久便提升他为汝南太守，改封都亭侯。

赵俨是颍川郡阳翟（今河南禹州）人，投奔曹操之后初任朗陵长。后因精明强干，执法如山，历任都督护军、侍中、驸马都尉、河东太守、典农中郎将、度支中郎将、尚书等要职，后封关内侯、宜土亭侯。

赵俨刚正不阿，李通大力支持他。两人大公无私的精神为世人所赞扬，其故事一直流传至今。

诸葛亮上疏请罪

228年，诸葛亮发动了一场北伐曹魏的战争，并亲自率主力突袭祁山，派马谡为前锋，统领王平、张休、李盛等诸将。

马谡才气过人，好论军事兵法，曾提出"攻心为上，攻城为下"的正确策略。因此，备受诸葛亮的器重，而且两人友情深厚。而刘备觉得马谡为人办事不够踏实，怕贻误军事大事，故在临终前对诸葛亮说："马谡言过其实，不可大用。"诸葛亮也没有引以为戒，还是任用他为先锋官，镇守战略要地街亭。马谡镇守街亭后，得知诸葛亮在祁山连战连捷，战局对蜀汉十分有利，便产生了麻痹轻敌的思想，既不按照诸葛亮的计划部署行事，又不理副将军王平的劝阻，弃城不守，在山上安营扎寨，使蜀军处于十分被动的地位，致使街亭失守。

诸葛亮回到汉中后，严肃地查究了街亭失守的责任事故。为严明赏罚，传令将马谡和临阵脱逃的两名将军张休、李盛一起斩首。斩了马谡等人以后，诸葛亮深感内疚，悔恨自己没有尽到责任而导致马谡犯法，同时由于自己用人不当而致使这次出蜀伐曹魏失利。因此，他痛心疾首上疏给后主刘禅，恳请处分自己，表现出了执法严明、秉公办事的高度负责精神。

诸葛亮是我国人民群众非常熟悉的古代历史人物，是大智大忠的化身。他的《出师表》表现出他"鞠躬尽瘁，死而后已"的高风亮节，成为千古佳话。诸葛亮"挥泪斩马谡"的故事，几乎众人皆知。它告诉我们的道理很简单，就是执法严明、秉公办事的意义重大。设想一下，如果诸葛亮不斩马谡，只是批评批评，将其调动一下位置，不追究他在作战中带来的损失，那么，蜀国的军队还能保持旺盛的战斗力吗？

自私自利要摒弃

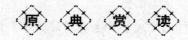

【原文】

视己勿重者重，视人为轻者轻。

——《止学》

【译文】

看视自己并不重要的人为人重视，看视别人十分轻视的人
被人轻贱。

立德之道

自私自利的人常在困境中苦苦煎熬，他们患得患失，尤其在逆境
中，这种情绪就更加强烈，不可遏制。可以说，如果人们在私利前止
步，多为别人着想，不仅能为许多人摆脱困境出力，更可在无形中赢得
人们的尊重和扶持，从而让自己获得意想不到的收益。这种为人为己的
解脱之道需要宽广的胸怀来支撑，只讲索取不讲付出的人，是得不到这
种良好的回报的。

家风故事

无私与自私

从前有个人，在沙漠中迷失了方向，饥渴难忍，濒临死亡，可他仍然
拖着沉重的脚步，一步一步地向前走。终于，他找到了一间废弃的小屋，

这间屋子已久无人住，风吹日晒，摇摇欲坠。在屋前，他发现一个吸水器，便用力抽水，可滴水全无。他气恼至极，忽又发现旁边有一个水壶，壶口被水塞塞住，壶上有一个纸条，上面写着：你要先把这壶水灌到吸水器中，然后才能打水，但是，在你走之前一定要把水壶装满。他小心翼翼地打开水壶塞，里面果然有一壶水。

这个人面临着艰难的抉择，是不是该按字条上所说的，把这壶水倒进吸水器里？如果倒进去之后吸水器不出水，岂不白白浪费了这救命之水？相反，要是把这壶水喝下去就会保住自己的生命。一种奇妙的灵感给了他力量，他下决心照字条上说的做，果然吸水器中涌出了泉水。他痛痛快快地喝了个够。休息一会儿，他把自己的水袋和那个水壶都装满水，塞上壶塞。然后，他在纸条上加了几句话：

"请相信我，纸条上的话是真的，你按照纸条上的话去做，不但能尝到甘美的泉水，还能拯救其他像你一样的人。"

故事中的人，在面对生死的考验时，让无私和自私在自己的心中进行了激烈的争斗，最终他的无私之心战胜了自私的欲火，使他品尝到了泉水的甜美。倘若那时的他没有在自己的心中展开一次无私和自私的争斗，那么喝光那壶水后，他肯定还是不能走出沙漠，而对于后来的需要水的人来说，无疑也是一场灾难。

生命的意义不是在自私中实现的，一个自私的人不但会伤害到自己，而且会伤害到他人；而一个无私的人，不但会给别人带来很多帮助，也会得到别人的巨大回报。正如南怀瑾先生所说：要求自己毫无私心是不可能的。我们所能做的，是经常在自己的心中，让无私和自私展开激烈的争斗，把自私从我们的心中赶走。只有这样的人，才是聪明的人，也只有这样，我们才会坦然面对人生。

073

第三章 无私公德：光明磊落铸公德

第四章

忠勇厚德：果敢行事传美德

忠作为道德规范，在春秋时期就已引起重视，并流传开来。勇是人们有胆量、不畏惧、勇于克服困难、战胜敌人、不怕流血牺牲的英勇斗争精神和果敢行为。忠勇是中华民族传承不息的美好品德，是新时代的人们不可丢弃的坚实力量。

尚勇是真正勇敢

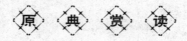

【原文】

筋力之士矜难，勇敢之士奋患。

——《庄子·徐无鬼》

【译文】

身强力壮的人以解难自豪，勇敢的人奋起除患。

立德之道

勇敢，是指那种为了正义事业而不惧强暴、不畏权势、不怕艰险、不顾利害、不计生死、一往无前的道德品质。

勇敢，是人的一种内在气质，是人格的一种力量，是人的一种美德。

勇敢，是一个容易被人误解的词语，我国古代思想家对勇敢的含义、类型、境界等均有精辟的论述。

勇敢，是我们追求正义、追求真理证途中不可缺少的伙伴。

保卫祖国的时候需要勇敢，抢险救灾的时候需要勇敢，改革创新探索前进的时候需要勇敢，同邪恶势力做斗争时需要勇敢，改正自己的缺点时需要勇敢……

失去了勇敢，个人就难以进步，事业就难以发展，传统美德如嫉恶如仇、刚正不阿、见义勇为、勇往直前、大义灭亲等都难以实践。想到这些，就会使我们更加理解歌德如下的名言：

你若失去了财产——你只失去了一点；你若失去了荣誉——你就失去了很多；你若失去了勇敢——你就把一切都失掉了。

崇尚勇敢在人生的追求中占有这么重要的位置，那么，我们就要自觉地在社会实践中去培养自己的道德之勇。

崇尚勇敢，首先要培养自己的道德正义感。在传统的道德伦理文化中，经常把"勇"和"义"连在一起。只有从正义生出来的勇气才是真正的勇敢，才是道德之勇。否则就会像孔子所说的那样：假若君子只有勇而没有义，那就会捣乱造反；假若小人只有勇而没有义，那就会去做土匪强盗。由此可见，道德正义感对勇的表现，起着重要作用。我们应该努力培养自己的道德正义感，在其指引下充分发挥勇敢精神，使它成为一种伟大人格的力量。

崇尚勇敢，就要倡"义理之勇"而戒"血气之勇"。勇有"血气之勇"与"义理之勇"之分。有一些人把鲁莽蛮干、盲目冒险、强梁霸道、凶残逞强视为勇。如果说这是一种勇的话，那它是"血气之勇"，或者说是莽夫之勇。

思想勇敢而行动胆怯的人优柔，行动果敢而懒于思想的人鲁莽。富有智慧的勇敢，才是一种极为难得的品质。

崇尚勇敢，必须善于克己制胜。一个人同他人的邪恶做斗争固然需要勇气，而向自己的缺点错误进攻则更需要勇气。古人云："赴汤火，蹈白刃，武夫之勇可能也；克己制胜，非君子之大勇不可能也。"勇于正视自己的过失，勇于承认和改正自己的错误，也是勇敢精神的一种表现。

勇敢精神来自于崇高的生活目的和远大的理想。我们只有树立了正确的人生观和远大而崇高的理想，才能在人生的旅途中勇敢地跨越一切困难，去迎接光辉灿烂的新生活。

家 风 故 事

韩信之勇

韩信年轻的时候，家里贫穷，只得四处流浪，经常吃不饱饭。有时候，他会到河边去钓鱼卖点钱，但也不是每次都能钓到，所以经常饿肚子。河边洗衣服的老婆婆可怜他，经常给他带点吃的。但大多数人都瞧不起他，常欺负他。

一天，他来到集市上，被一个屠夫看见了，就挑衅地说："你这么大的个子，腰里还佩着剑。你有本事，就用你的剑把我杀了。若没有这个胆量，就从我胯下钻过去！"韩信看看这个屠夫，摇了摇头，叹口气，就俯下身子，从这个屠夫的胯下钻了过去。围观的人大笑不已，骂韩信是个胆小鬼。从此，韩信受胯下之辱这件事便成了大家的笑柄。

有人问他："你怎么这么胆小，害怕这样一个屠夫呢？"韩信说："我不是害怕他。如果我杀了他，就要偿命，就实现不了我的大计划了。为了这样一个人去死是不值得的。小事不忍，是成就不了大事的。"

后来，韩信在刘邦手下当了大将军，辅佐刘邦指挥军队南征北战、东讨西伐，最后打败了项羽，成就了一番大事业。

大胆前行的勇气

【原文】

夫战，勇气也。

——《左传》

【译文】

大丈夫作战，是靠勇气的。

立德之道

我们很多时候之所以不能成功，缺乏的不是才能和机遇，而是大胆尝试的勇气。只有我们拿出勇气主动出击，生活中的很多"不可能"才会变成"可能"。

如果没有敢于挑战的勇气，任何微小的困难，都会阻挡你前进的步伐，只有藐视困难，增强信心，克服心魔，才能达到人生的顶峰。

在生活中，有许多人因在成功殿堂的门口徘徊，不敢"跨前一步"，最终失去成功的机会，成为众多失败者中的一员。其实，成功并不是人们想象的那么难，关键在于当机遇之门敞开时，你是否能勇敢地跨前一步，正是这么一步，决定着一个人未来的辉煌。

身体的残疾并不可怕，只要心灵坚强，人生就会充满意义并获得成功。面对残疾的身体，是自暴自弃还是坚韧不拔，将导致完全不同的人生。意志薄弱的人往往会消沉下去，而坚韧不拔的人，则会勇敢地面对人生的严峻挑战。无数事实表明，一个人只有对自己充满信心，勇于面对挫折，勇于迎接挑战，才能见到人生的彩虹。

一位哲人说："当你害怕做某事时，只要你去做，你就会发现，情况并不是你害怕的那么糟糕。"人生的道路不会永远平坦，如果一遇到困难就往后缩，那么你永远都不会有成功的一天。如果没有勇于冒险的勇气，你就永远不能获得意外的收获。

家风故事

大胆前行的徐霞客

徐霞客从小就有远大的志向，随着年龄和知识的增长，他心中的一个愿望越来越强烈了，那就是，他要走向广阔的天地，去游历五湖四海和各地的名山大川，到大自然中去揭示祖国山川地理的奥秘。

22岁的徐霞客背起了母亲早已为他准备好的旅行包，戴上母亲亲手为他缝制的遮风挡雨的远游冠，毅然告别年迈的母亲和新婚的妻子，开始了34年不平凡的旅程。

外面的世界很精彩，使初次离开江阴故园的徐霞客兴奋不已。但要领略祖国山川雄奇壮丽的风采，要揭示自然界鬼斧神工的奥秘，就不能光走平坦的大道，需要去攀登险峻的山峰，渡过险恶的激流。对旅途上的种种

第四章

忠勇厚德：果敢行事传美德

艰难险阻，徐霞客有足够的思想准备，所以，尽管困难重重，他都顽强地挺过来了。

越是险峻或神秘的地方，徐霞客越是有兴趣，一定要亲自去勘踏。这一天，他来到了雁荡山。古书上说雁荡山的名字来源于山顶上的大水荡，民间也纷纷传说那水荡多么高，多么险，多么美，又有许多的鸟儿在水中嬉戏，但这水荡是绝难看到的，弄不好就会送命。这种说法激起了徐霞客探险的豪情，他带着两名仆人，在一名向导和一名和尚的引导下，奋力向山上攀登。

山势非常陡峭，几乎没有路可走。他们只好一手拄着木杖，一手拽着小树，一步一喘地往上爬。好不容易登上一个小山顶，几个人都高兴得欢呼起来，展现在他们面前的，是多么神奇壮丽的景色啊！但徐霞客并不想到此为止，他执意要到山顶去看水荡。那向导是本地的山民，对山顶的水荡很向往又充满敬畏，他告诉徐霞客，水荡离这里相隔三个山峰，路途遥远而又难走，他们祖祖辈辈生活在山里，还没有谁走到过那里呢！他劝徐霞客就此罢手，不要再往向前走了。可是，他的话正好起了相反的作用，徐霞客对山巅的水荡兴趣更浓厚了，他一定要去，非去不可！

向导见劝阻不了徐霞客，觉得这个人十分古怪，明知危险还非要去。他可不想陪着徐霞客去冒险，因此不肯继续带路了。徐霞客左劝右说都不管用，那向导慌里慌张独自下山了。那个和尚也是在山里住了好多年的，爬山的本领很高，他跟着徐霞客又走了一段路，也累得脸色泛白，双腿打颤，连声叫嚷："不行了，我不行了！再走下去非累断我的腰不可。"于是，和尚也返回山下去了。

只有徐霞客毫不动摇，他是不达目的誓不罢休的倔强人，两个仆人虽然不甚情愿，但他们不敢违背主人的意思。于是，三个人摸索着继续前进。山越来越高，山脊越来越窄，有时窄得不能放脚，最后，他们来到一个断崖前，已完全无路可走了。

"这就是山顶了吗？怎么不见水荡？"徐霞客不甘心，见不到那美丽奇绝的水荡，他还疑心是自己没走到地方。于是，他让仆人把三个人的裹脚布连接起来，把自己吊到悬崖中间的一块巨石上。站在这里，往下看是万丈深渊，淡淡的云雾缭绕着，虽然看不清底端，但可以肯定下边没有所谓的水荡；往上看就是窄窄的一线天空了，仆人向下探头探脑，就好像停在水面上的两只鸭子。徐霞客忍不住笑了，雁荡山上原来没有所谓的水荡，倒是自己抬头看天时看见了有点像鸟儿戏水的景致。

徐霞客就是这样不畏艰险地寻找各种胜境，探索各种秘密，也纠正了不少错误的记载和传说。他走了许多地方，从北京的盘山、山西的五台山、恒山，到福建、广东交界处的罗浮山，从山东的泰山到陕西的华山，东西南北各处都留下了他的足迹。碧波荡漾、荷花飘香的太湖曾倒映过他那面色黝黑、不知疲倦的身影；庐山蒙蒙的烟雨，洛伽山烂漫的山花都曾看见他欣慰而自信的笑容；荒野上的野鸡野兔都曾被他点燃的篝火惊动……

白天，徐霞客总是不辞辛苦地跋山涉水，游览观察，到了晚上，他就把当天丰富的见闻尽可能详细而又忠实地记录下来，在荒村野寺的油灯下，他经常写到很晚很晚，直到把白天的观感完全写出来了，才肯躺下来休息。有时在野外露宿，他也要就着篝火跳跃的火光，坚持写下日记。

越是到晚年，徐霞客的精神越是顽强。他游历云南的南香甸时年岁已经很大，为了寻找石房洞，他在那斧削刀砍一般陡峭的山崖上爬了半里来路，当山崖陡得连脚也放不住时，他只好手脚并用，抓住野草慢慢向前移动，谁知山坡风化得很厉害，土质极松，野草被他一抓，登时连根拔了出来。他没有防备，差点被摔下悬崖，慌忙中赶紧去抓附近的一块石头，想不到岩石也风化了，他的手刚扒上去，岩石就像土块一样碎裂开来，滚落下去。徐霞客大吃一惊，赶忙又抓住一块看上去比较结实的石头，还好，这块石头没有碎裂，使他站稳了脚跟。这时，他是欲上不能，欲下不得，紧紧地绷着脚跟，像壁虎一样贴在山崖上，冷汗涔涔。后来他在日记中写道："我一生中经历过各种险境，但没有比这一次更危险的了。"

为了寻找新宁的犀牛洞，徐霞客走错了三次路。尽管他已经累得筋疲力尽，但他达不到目的就吃不香、睡不安。稍微休息了一下，他又振作起精神，继续去寻找。经过第四次的努力，他终于找到了岩洞。

还有一次，徐霞客攀登一个叫三分石的山峰，道路非常崎岖，他爬了

第四章 忠勇厚德：果敢行事传美德

十多里山路终于到达山顶，这时天已经黑了，四周黑森森的，像野兽张开了的大嘴。下山是不可能了，只好露宿山顶。可是山顶十分狭窄，他在一棵松树下勉强找了一块可以躺的地方。没有水喝，也做不成饭，他就掏出干硬的干粮咬几口充饥。他点起了一堆篝火，正想就着火光写旅行日记，突然，脚下刮起了狂风，就像无数野兽在怒吼，紧接着，闪电撕破了漆黑的天空，雷声就在他头上滚来滚去，倾盆大雨从天而降。篝火很快被浇灭了，雨伞也被风刮下山崖，徐霞客索性仰天倚卧在石头上，任凭风吹雨打。虽然又冷又饿，但他体会到与大自然融为一体的快乐，心境十分坦然。第二天早上，雨过天晴，青山娇艳，阳光明媚，展现在他眼前的是一派迷人的景色，他反而十分感谢昨晚的暴风雨。

在探险的过程中，徐霞客两次遇险，三次断粮，多次落水，多次迷路，忍饥挨饿、顶风冒雨、露宿荒郊野外简直就是家常便饭，但他的脚步从未停止过，他探索自然奥秘的热情也从未冷却过，只有他脚底厚厚的茧子和头上丝丝的白发能知道他这三十多年的艰难和坎坷。

34年的游历，走的大都是崎岖艰难的山路，足迹遍及中国的名山大川，这需要有多么崇高的信念、顽强的毅力和惊人的勇气啊！

勇于改过是担当

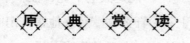

【原文】

知过之谓智，改过之谓勇。

——《陈确集·别集》

【译文】

知道自己的过错，就叫作智慧；改正自己的过错，就叫作勇敢。

立 德 之 道

"人非圣贤，孰能无过？""知错能改，善莫大焉。"也就是说人并非圣人，怎么能没有过错呢？知道自己犯的错误能够改正，就是最好的事情。所以说，一个人一生难免要犯这样或那样的错误，犯了错误不要紧，能够认识到自己的错误就是智慧的行为了，而且认识到错误之后还能够承认错误，改正错误，这就是最大的勇气了。这种勇气就是一种担当，一种对自己的行为而承担的责任。

家 风 故 事

李离自殉偿命

李离，春秋时期晋国的大狱官，是晋文公在位时的一个最高司法官。他精明干练，审起案来细微入里，对疑难案件常能决断无误，很有办案经验，深得晋文公和大臣的信任和拥戴。可是有一次，他接审了一起疑难案件，状子上写明被告人因盗窃而犯的是盗窃罪，只是证据不足，无法定罪，而上交大狱官。李离接到案卷后，经过反复调查、审核，正要以盗窃罪论处罪犯时，不料有个地方官又送上一个状子，状告在他所管辖的地方，发生了一起杀人案，凶手就是现在的被告人。案卷上写道：在两个月前的一天，被告人在一户空无一人的人家盗窃时，正碰上这家主人因事回家，被这家主人发现了，双方发生了搏斗。最后，这家主人被当场杀害，这家主人的妻子作为证人，证明这被告人正是杀害她丈夫的凶手。经过调查，证据确凿，上报大狱官，一同处理。李离看了案卷后，果断地拍手定案："杀人偿命，斩！"可是在将被告押上刑场时，他跪在地上磕破了头，大声喊叫："冤枉啊，冤枉！我从未杀过人，我真的是冤枉的呀！"李离喊道："证据确凿，岂容抵赖，斩！"刹那间，被告人的头落了地。可是不知怎的，事过半月，那人喊冤的声音却仍然在李离的耳边回响。

他情不自禁地把自己审批的死刑案卷拿起来，把这起杀人案重新复查起来，确实发现了不少疑点。这家主人的妻子又没见过被告，为何一口咬定被告是杀害她丈夫的凶手呢？其中肯定有问题。于是他化装成算命的先生，再次来到被害人的居住地，找知情人和左邻右舍了解情况。

他得知，被害人的妻子与那个地方官现在已是出双入对。李离心想，被害人遇害也只两个多月，他的妻子就与地方官如胶似漆，看来这两人值得怀疑。也好，就从这两人的关系上着手调查。经过十天的调查证实：被害人的妻子背着丈夫与那个地方官长期通奸，也就在被害人被杀害的那个晚上，两人正在寻欢作乐的时候，被突然回家的丈夫发现了。奸夫淫妇为了使自己的不轨行为不被暴露，就把被害人杀了。

事也凑巧，被告人这天也去了被害人的家，他是为了盗窃钱财，却目睹了被害人的妻子与那个地方官杀死了被害人的过程。他惊慌失措，正要离去，却被那地方官抓住。那个凶残狡诈的地方官心生一计，仗着手中的权力，便嫁祸于被告人，达到一箭双雕的目的。李离在弄清了事实之后严惩了这对奸夫淫妇。

然而，错杀的事实已不能挽回。李离悔恨不已，耳边仿佛又响着被错杀人的悲惨的喊声："冤枉，冤枉啊！"

怎么办？人死不能复生，错杀已既成事实，李离在屋里来回踱着步子。按照当时的法律规定，凡是错判人死刑的，审判官也要被判处死刑。走着走着，忽然，李离停住了脚步，敲着自己的脑袋，骂道："李离呀李离，你向来执法如山，如今是因你的判决而错杀了人，怎么就犹豫不决了呢？"于是，他马上写了一份处自己死刑的判决书，判决书上写道："我是晋国的最高司法官，以身作则维护国家的法律是我的职责，现在我错判了案子，使一人被错杀，按照法律也应判处我以死刑，不能特殊。"写完后，派人上报晋文公，并且叫监狱官把自己关押起来，听候晋文公的裁决。

晋文公看了李离上报的判决自己死刑的判决书，很是着急，不知怎么办才好。他知道，李离做事从来是说一不二，如果他当真起来，是任何人都劝不回来的。到那时，他不仅会失去一位好臣子，国家也要损失一个不可多得的人才，这样不是太可惜了吗？于是晋文公亲自赶到监狱，劝李离道：“官有贵贱，罚有轻重，你是朝廷的大臣，国家的栋梁之才，每天处理的案子那么多，且又多是些疑难案件。事情多，责任重，办了一件错事也是难免的。常言道：‘智者千虑，必有一失’，请你不要这样过分自责，我也绝不会同意将你和下级官吏犯错误等同处罚。”

李离答道：“我感谢大王对我的宽恕，但是国家的法律，理应大家一样遵守。在法律面前，不能有高低贵贱之分，天子犯法，与庶民同罪，越是身居高位，越要带头守法，不可例外。只有这样做，才能维护法律的尊严，保持法律的纯洁。”

晋文公打断李离的话，着急地说：“但是造成这个错误的主要责任不在你身上呀！是那个地方官有意捣乱，以假乱真，加上你属下没有认真核实的结果。再说，现在人也死了三个多月了，没有人问这件事，就不用再提了。”在当时那种草菅人命的社会环境下，朝廷错杀一条人命，是不足为奇的，只要下面不告，上面不过问，也就作罢了。

李离听出晋文公在为他推卸责任，就说：“大王，我身为大狱官，是晋国最高的司法官，对于这个重要的官位，我从来没有让给过属下，对于我的权力，我从来没有下放过，朝廷给我的官俸，也要比他们多得多，可我也从来没白分一点给他们，如今我错判了人的死刑，犯了罪，却要把罪责推给他人，这是不公平的。这样的做法，也从未听说过。在这个部门我的权力最大，负的责任也应最大，犯了死罪，也应由我来承担。”

晋文公还想劝他回心转意，便说：“照你这样说下去，权力大，负的责任也大，那我的权力比你大。再说你如果一定要自己认为有罪，那么你是我任命的，说来说去，我也有罪啦？”

李离大声说：“大王，不管怎么讲，大狱官也要守法，犯什么罪，就应该受什么刑。法律规定错判别人死刑，自己也要处死抵命。这与大王任命无关，再说大王是认为我审案能力强，所以才委任我为最高司法官的，

忠勇厚德：果敢行事传美德

这是大王您对我的信任，但我辜负了您的信任，错杀了人，因此应该被判处死刑。大王这样为我开脱，是您对我的宽恕，我在这里多谢了。为维护法律尊严而死，这是我当大臣的职责。"说时迟，那时快，李离一下子从卫兵身上拔出剑来，自刎而死。

挺身而出的勇为

【原文】

见义不为，无勇也。

——《论语·为政》

【译文】

看到正义的事情而不敢干，是没有勇气。

立 德 之 道

见义勇为是中华民族的一种传统美德，也是社会主义和共产主义道德的一种高贵品质。它是指见到正义的事情和应该做的事情，就应挺身而出奋勇去做。

在我国历史上，我们的先人就提倡见义勇为，并视为一种美德。春秋时期，孔子认为，仁德之士见到合乎正义的事情，就应当勇敢去做。在《宋史·欧阳修传》中，则写有"天资刚劲，见义勇为"的评记，明确把见义勇为作为一种美德加以赞扬。

见义勇为，就是在正义和道义面前所表现出的不怕个人风险、不计个人得失的勇气和行为。这是检验一个人道德品质优劣的一块试金石，也是衡量一个人品格高低的一把标尺。

见义勇为，"义"是核心，"勇"是后盾。要做到见义勇为，首先要理解"义"的含义。在我国传统文化中，"仁义"是儒家道德伦理的核心观念。没有仁，义便不能发生；没有义，仁便不能完成。孟子在《告子》篇中说："仁，人心也，义，人路也。"就是说，仁是人的心，义是人的路。

遇事胸怀正义感，莫做畏葸不前人。见义勇为是靠勇敢的行为来体现的，而"勇"的精神是来自对"义"的正确理解和忘我的思想境界。它要我们"以义制利""以公义胜私欲"，而不能"以利害义"，更不能"见利忘义"。无私才能无畏，才能见义勇为。

见义不为非为勇，莫做见死不救人。当见到他人不幸之遭遇，特别是当别人发生危险之时，如有人家中失火，或落入水中，或是发生了危及他人生命的突发事件，我们应该奋不顾身，舍己救人，切不要做见死不救的自私鬼。

家 风 故 事

王允除董卓

董卓，字仲颖，东汉末年献帝时权臣。他一生粗暴，满怀私欲和野心。董卓干尽了坏事，朝中大臣人人痛恨他，许多人密谋暗杀他，都失败了。但司徒王允并没有放弃希望，他决心由自己来完成大业，拯救汉室。

王允知道董卓手下第一猛将吕布和董卓有矛盾。吕布本来是丁原的部将，后来被董卓收买杀死了丁原，董卓很信任吕布，认他为义子。董卓知道自己干了很多坏事，害怕别人对他不利，所以平时经常让吕布跟随左右保护自己。董卓脾气暴躁，有一次吕布因为一件小事惹怒了他，董卓不由分说就拿起手边的手戟朝吕布扔去。幸好吕布武艺高强，闪开了，于是赶紧向董卓道歉，这才没事。吕布曾经和董卓的婢女私通，怕董卓知道，心里一直很不安。他去找王允，想让王允帮他想办法。这个时候王允正在和

第四章 ｜ 忠勇厚德：果敢行事传美德

别人商议刺杀董卓的事，见吕布来了，索性向他透露要杀董卓的事，要他当内应。吕布很犹豫，说道："我和他有父子的名分呢。"王允劝道："您姓吕，他姓董，本来就没有血缘关系。再说当初他拿手戟掷您的时候，想到你们是父子了吗？"这段话把吕布说动了，他答应作为杀董卓的内应。

消息传了出去，但没有人敢告诉董卓。有人在布上写了个"吕"字，背着在街上走，边走边唱："布啊！"有人把这事告诉了董卓，但董卓没有醒悟过来。

不久，汉献帝生了场病，痊愈后设下宴席请大臣来吃饭。董卓穿上朝服登上车准备前去，马却突然受惊，将董卓摔倒在地上。他回去换了身衣服，他的小妾觉得这不是个好兆头，叫他不要去了，董卓不听，还是走了。但董卓毕竟心里有鬼，他下令在他家到皇宫的道路两边都站满士兵，左边站步兵，右边站骑兵，层层保护他，又命令吕布等人紧随自己周围保护自己。王允和士孙瑞向汉献帝秘密递上诛杀董卓的奏章，让士孙瑞写诏书交给吕布，然后命令骑都尉李肃和吕布手下的心腹十余人穿上皇宫卫士的衣服，埋伏在北门，等候董卓。

董卓快要走到的时候，马又受惊了，董卓觉得有些奇怪，想回去。吕布劝他还是先进宫，于是他就进了北门。早已埋伏好的李肃见董卓过来，抓起长戟便刺，董卓在外衣下面穿有铁甲，没有被刺入，但胳膊受了伤，人摔下了车。董卓赶紧回头大叫："吕布在哪里！"吕布接口道："奉诏书讨伐贼臣！"董卓大骂："你这条蠢狗竟然敢这么做！"吕布手持长矛向董卓刺去，催促士兵把董卓斩首。董卓的手下田仪和仓头向董卓的尸体跑去，吕布把他们杀了。然后派人带着皇帝的赦令，骑着马宣示皇宫内外。士兵们听见董卓被杀，全都高呼万岁。老百姓都跑到街上跳起舞来，城里的女子把珠宝和衣服卖掉来买酒肉庆祝。

视死如归的忠节

【原文】

鼓之而三军之士视死如归。

——《管子·小匡》

【译文】

战鼓齐鸣，上中下三军将士，毫不怕死、英勇杀敌。

立德之道

视死如归是英勇果敢、无私无畏美德和高尚品质在生死观念方面的具体体现。它不仅表现为不怕死，且更表现在为了正义的事业，为了夺取革命的胜利，把死看作是光荣的事，明知一死，也能坦然地、无所畏惧地去牺牲自己的宝贵生命。

在我国古代典籍中，多次讲到视死如归。例如，在《史记·范睢蔡泽列传》中讲道："君子以义死难，视死如归；生而辱不如死而荣。"这里就强调了把死看作是光荣的事。在中国历史上，有很多仁人志士，他们为了正义的事业，对死亡毫无惧色，表现出视死如归的美德。

在中国革命的长期奋斗中，更有无数革命先烈，敢于抛头颅，洒热血，面对敌人的屠刀，视死如归，慷慨就义。倒如，向警予烈士"为党而死毫不畏惧"，赵一曼"坚贞不屈英勇就义"，吉鸿昌"为了抗日甘洒热血"，民族英雄杨靖宇"抵抗日寇至死不屈"，等等，在他们身上都充分表现出英勇果敢、视死如归的高尚品德。

家风故事

图穷匕见话荆轲

"风萧萧兮易水寒，壮士一去兮不复还。"这悲壮的歌声伴随着忠义侠客的荆轲投入抵抗暴秦的行动中。

荆轲是战国晚期的一位游侠，爱好读书舞剑。他游历齐、卫、赵等国，后来到了燕国，结识了混迹于下层社会的音乐家高渐离，并和燕国隐居高人田光成为好朋友。

这时，燕太子丹（又称燕丹）刚结束在秦国充当人质的生活，逃回燕国。燕丹幼年曾在赵国当人质，秦王嬴政出生在赵国，儿时两人常在一块玩耍。后来嬴政当了秦王，燕丹又到秦国去做人质。嬴政一点儿也不念儿时友情，苛待燕丹。所以燕丹心有怨恨，乘秦人不备，偷偷逃回国，决心反抗秦王的暴虐统治，却苦于兵力单薄。

不久，秦国将军樊於期得罪秦王，逃到燕国寻求避难，燕丹收留了他。太子的老师鞠武劝道："不如把樊将军遣送到匈奴去灭口，以免惹怒秦王，给燕国带来灾祸。"燕丹不忍心抛弃这位穷途末路的朋友，就去请教田光。田光说："我老了，帮不上这个忙了。不过，我的朋友荆轲可以去办这件事。"燕丹叮嘱田光，不要泄露秘密。田光去找荆轲，讲明燕丹的意图。荆轲答应去见太子。田光为清除太子的疑虑，激励荆轲，拔剑自刎而死。

荆轲去拜见燕丹，告知田光已自刎。燕丹跪地痛哭，随后向荆轲叙述了自己的谋划：派一名勇士去劫持秦王，迫使他归还侵占各国的领土。如果秦王不从命，就刺杀他。荆轲允诺了。于是燕丹尊荆轲为上卿，待遇十分优厚。

此时形势越来越紧迫，秦将王翦攻破赵国，战火烧到燕国的南部边境。燕丹请来荆轲，询问对策。荆轲建议带着樊於期的人头和燕国督亢地区的地图做见面礼，伺机下手。但燕丹不忍心杀樊於期。荆轲就自己去找樊於期，说明来意。樊於期拔剑自刎，献出头颅。

燕丹为荆轲准备了一把涂有毒药的匕首，卷在地图里，又派一名少年勇士秦舞阳一同赴咸阳。临别，燕丹率领众宾客身穿白衣，头戴白帽，一直送到易水河边。高渐离击筑，演奏了高昂激越的乐曲，荆轲慷慨悲歌，感动得在场的人泣不成声。

荆轲到了秦国，买通了秦王的宠臣蒙嘉。蒙嘉先到秦王面前通报："燕王愿臣服秦国，谨斩樊於期人头奉上，并献出督亢地图。"秦王大喜，在咸阳宫里举行盛大的仪式，接见燕国使臣。

荆轲手捧装有樊於期人头的木匣，秦舞阳手捧地图，一步步走近秦王。到了台阶上，秦舞阳突然紧张得脸色发青，双手发抖。荆轲见此情景，便从容镇定地笑了笑，说："他是北方边远地区的乡下人，没见过天子，所以吓成这样。希望大王宽恕他，让他上前完成使命。"秦王看了看木匣里盛的人头，又说："把秦舞阳拿的地图给我呈上来。"荆轲放下木匣，取过地图，双手呈送给秦王。秦王展开地图，想好好看一看这块不费一兵一卒就到手的土地。地图全部展开，露出藏在里面的匕首。荆轲左手抓住秦王的袖子、右手拿起匕首，直刺秦王。秦王大吃一惊，匆忙中撕断了袖子，挣脱出来，赶紧用手拔剑，可是仓促之间剑怎么也拔不出来。荆轲手执匕首追赶秦王，秦王围着一根立柱躲闪。群臣手中没有兵器，手执兵器的侍卫都站在殿外，没有诏令不能进殿。这时，侍医夏无且用药囊打向荆轲，荆轲一闪身。左右急忙提醒惊慌失措的秦王："从背后拔剑！"秦王乘机从背后拔出了宝剑，砍断了荆轲的左腿。荆轲受伤倒地，把匕首投向秦王，但没有击中。秦王再刺，荆轲身受八处剑伤，最后被侍卫击杀。

第四章

忠勇厚德：果敢行事传美德

矢志不渝的忠贞

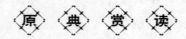

【原文】

惟乃祖乃父，世笃忠贞。

——《书·君牙》

【译文】

只有祖父和父亲，世代一心一意，忠诚坚贞。

立德之道

忠贞是一种节操，是一种气节。它既是指对君臣上下的一种忠诚与贞操，也可以指夫妇之间的一种忠诚与贞操。尤其对后者而言，它是中华民族的一个传统美德，世代相传。矢志不渝的忠贞是我们中华民族自古以来的美好品德。

家风故事

屈原的忠贞不渝

屈原的爱国之情众人皆知。有一次，楚怀王命屈原起草一份国家政令。屈原针对楚国的积弊，提出许多利国利民的主张。但政令还没有起草完毕，有些问题还需要斟酌推敲。这时，上官大夫靳尚看见了，急于知道政令内容，就要抢过去看，但被屈原严正拒绝了。靳尚怀恨在心，到楚怀王面前去告状："大王让屈原起草政令，人人只知道屈原的大名，没有人知道这是大王的旨意。因为屈原每起草一份，就夸耀自己的功劳，说什么'这事除了我谁也干不了'。"楚怀王一听，勃然大怒，生怕屈原的威望超过自己，就疏远了屈原。后来屈原被免除了左徒官职，贬为三闾大夫，流放到汉水以北的穷乡僻壤。

屈原怀着悲愤的心情离开郢都，戴着高高的帽子，系着长长的佩带，在江畔吟诗，写出了不朽诗篇《离骚》，表达了"路漫漫其修远兮，吾将上下而求索"的决心。

屈原被放逐后，楚国联齐抗秦的外交政策也遭到破坏。

秦惠王派张仪到楚国去离间齐楚联盟。张仪提出："如果楚国断绝与齐国的关系，秦国愿献出商於（今陕西东南部）之地六百里。"目光短浅的楚怀王以为真能得到六百里土地，就断绝了与齐国的关系，派将军到秦国去接受土地。可是，能言善辩的张仪却对楚国将军说："我与楚王约定的是六里。"楚国将军回国禀报，楚怀王得知受骗后大怒，派兵攻打秦国，结果损兵折将，丢了汉中之地。这时楚怀王结束了屈原的流放，派他出使齐国，以加强与齐国的友好关系。

秦昭王娶楚国公主，写信给楚怀王，要求会见。楚怀王想接受邀请，出访秦国。屈原劝阻说："秦是虎狼之国，背信弃义，还是不去为好。"但怀王的小儿子子兰等人极力怂恿，怀王还是到秦国去了。结果，楚怀王被秦国扣留了三年，最后死在了秦国。

顷襄王（楚怀王的长子）继位，让子兰任令尹。楚国人对子兰劝怀王入秦而丧命十分不满，屈原也在诗作中吐露了内心的怨愤。子兰闻知后，就让靳尚在顷襄王面前进谗言，诬告屈原。于是屈原又被流放到江南。

屈原竭忠尽智，却遭到猜忌。他在心烦意乱中，去找楚国太卜郑詹尹，请他指点迷津。屈原问在这"黄钟毁弃，瓦釜雷鸣；谗人高张，贤士无名"的溷浊世道，自己应当"正言不讳以危身"，还是"从俗富贵以偷生"呢？郑詹尹无法正面回答，只是含糊其词地说："用君之心，行君之意，这样的事情不能用占卜来决定。"

一天，屈原在江畔遇见一位渔翁。他虽然脸色憔悴，形如枯槁，但渔翁还是认出了这位三闾大夫。渔翁劝他："世人皆浊，你就搅起污泥；众人皆醉，你就吞食酒糟。”屈原表示，宁可葬身鱼腹，也不能以洁白之身蒙受世俗的尘埃。

在楚国山河破碎、风雨飘摇的形势下，屈原写下绝笔之作《怀沙》，于公元前 278 年农历五月初五，抱石投汨罗江自沉。

直到今天，每逢五月初五，人们都要赛龙舟，吃粽子，来纪念这位忠贞爱国的伟大诗人。

童叟无欺示忠诚

【原文】

忠诚盛於内，贲於外，形於四海。

——《荀子》

【译文】

忠诚如果充满内心，那么就会体现在外表，天下人都可以看到。

立 德 之 道

忠诚是中华民族的传统美德，也是社会主义和共产主义道德品质的重要内容和要求。忠诚作为一种优良美好的品德，主要是指对人处事，诚心诚意，老老实实。

忠诚作为社会主义和共产主义的道德优秀品质，其内容是多方面的：首先，它表现在无论何时何地，都忠于自己的信念，即使在敌人屠刀面前也不发生叛变和变节行为；其次，表现在忠诚自己的事业，始终勤勤恳恳地工作，并能克服各种困难，去完成自己承担的各项工作任务；再次，表现在坚持真理的精神，敢于发表自己的见解。绝不隐瞒自己的观点，绝不争功诿过；最后，忠诚还表现在有严谨的科学态度，坚持说老实话，办老实事，做老实人，决不搞浮华虚夸。

家风故事

说实话的高允

北魏太武帝即位后，派崔浩带几个文人编写魏国的历史。太武帝叮嘱他们，写国史一定要根据实录。

崔浩和他的同事按照这个要求，采集了魏国上代的资料，编写了一本魏国的国史。当时，皇帝要编国史的目的，本来只是留给皇室后代看的。但是崔浩手下有两个文人，偏偏别出心裁，劝崔浩把国史刻在石碑上，认为让百官看了也可以提高崔浩的声望。

崔浩自以为功大官高，没有什么顾虑，真的就花了大批人工和费用，把国史刻在石碑上，还把石碑竖在郊外祭天坛前的大路两旁。

国史里记载的倒是史实，但是北魏的上代文化还十分落后，有些事情在当时看来是不体面的。过路的人看了石碑，就纷纷议论起来。

北魏的鲜卑贵族认为这样做丢了皇族的面子，就向魏太武帝告发，说崔浩一批人写国史，是成心揭朝廷的丑事。

魏太武帝本来已经嫌崔浩太自作主张，一听这件事就发了火，命令把写国史的人统统抓起来查办。

参加编写的高允是太子的老师。太子得到这个消息，着急得不得了，把高允召到东宫（太子居住的宫殿），跟他说："明天我陪你朝见皇上，如果皇上问你，你只能照我的意思答话，别的什么也别说。"

高允不知道是怎么回事，第二天就跟随太子一起上朝。太子先上殿见了太武帝，说："高允这个人向来小心谨慎，而且地位比较低。国史案件全是崔浩的事，请陛下免了高允的罪吧。"

太武帝召高允进去，问他说："国史都是崔浩写的吗？"

高允老老实实地回答说："不，崔浩管的事多，只抓个纲要。具体内容都是我和别的人写的。"

太武帝转过头对太子说："你看，高允的罪比崔浩还严重，怎么能饶恕呢？"

太子又对魏太武帝说："高允见了陛下，心里害怕，就胡言乱语。我刚刚还问他来，他说是崔浩干的。"

太武帝又问高允："是这样的吗？"

高允说："我犯了罪，怎么还敢欺骗陛下？太子刚才这样说，不过是为了想救我的命。其实太子并没问过我，我也没跟他说起过这些话。"

魏太武帝看到高允这样忠厚直率，心里也有点感动，对太子说："高允死到临头还不说假话，这确是难能可贵的。我赦免他的罪就是了。"

魏太武帝又派人把崔浩抓来审问。崔浩已经吓得面无人色，什么也答不上来。太武帝大怒，要高允起草一道诏书，把崔浩满门抄斩。

高允回到官署，犹豫了半天，也没有写出半个字来。太武帝派人一再催问，高允说："我要求再向皇上面奏一次。"

高允进宫对太武帝说："我不知道崔浩还犯了什么罪。如果仅仅是为了写国史，触犯朝廷，也不该判死罪。"

魏太武帝认为高允太不识好歹，吆喝一声，叫武士把他捆绑起来。后来太子再三恳求，太武帝气消了，才把他放了。

事后，太子埋怨高允说："一个人应该见机行事。我替你告饶，你怎么反而去触怒皇上？我想起这件事，真有点害怕。"

高允说："崔浩做这件事私心重，是有错误的，但是，编写历史，记载帝王活动，朝政得失，这并没有错。再说，国史是我和崔浩一起编写的，出了事，怎能全推给他呢？殿下救我之心，我是十分感激的。但是要我为了活命说违背良心的话，我是不干的。"

魏太武帝到底没有饶过崔浩，把崔浩满门抄斩。但是由于高允的直谏，没有株连到更多的人。据太武帝自己说：要不是高允，他还会杀几千人呢！

忠肝义胆显忠心

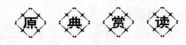

【原文】

忠心耿耿，自能名垂不朽。

——《镜花缘》

【译文】

忠心耿耿，自然能够名垂不朽。

立 德 之 道

忠心耿耿是中华民族的一种传统美德，它主要是指为人做事，竭心尽力，极其忠诚。

忠心耿耿作为一种道德品质，其道德价值，是同一个人的道德信念、所遵循的原则规范密切相关的。忠心耿耿作为一种美好品质，首先，必须在意识中有明确的、正确的价值观念和是非、善恶标准，并且形成坚定的信念；其次，必须遵循符合人民群众利益、符合社会进步的道德原则和规范，并化为实际行动；最后，必须竭心尽力，履行自己的道德义务。

在中国革命和社会主义建设事业中，老一辈革命家和广大党员干部以及众多的爱国人士，他们为了人民的解放、祖国的繁荣昌盛，竭心尽力，极其忠诚，充分表现了忠心耿耿的高尚品质。在新的历史时期，我们更应提倡对党、对祖国的社会主义事业忠心耿耿，忠实积极，忘我工作。

第四章　忠勇厚德：果敢行事传美德

家 风 故 事

精忠报国的岳飞

"青山有幸埋忠骨，白铁无辜铸佞臣。"在杭州西湖畔岳王坟游览的海内外观光客人，无不为岳飞精忠报国的精神而感慨。

北宋崇宁二年（1103年），岳飞出生在相州汤阴县一个农家。他还没满月，就遇上黄河决口，母亲姚氏抱着小岳飞坐在水缸里，漂泊到岸边。岳飞年少时颇有气节，沉稳敦厚，虽家贫却勤勉好学，尤其好读《左氏春秋》《孙子兵法》和《吴子兵法》。他天生力大，未满 20 岁就能挽三百斤硬弓，发八石强弩。后来拜武艺高强的周同为师，学习射术，能左右开弓射箭。周同去世后，岳飞每逢初一十五都去祭拜。父亲岳和赞许他："有朝一日为世所用，定会守忠义、为国殉难。"

岳飞从宣和四年投军，就与大举南侵的金兵作战，以一个下级军官，屡建战功。抗金名将宗泽赏识岳飞，认为他"勇智才艺，古良将不能过"。但是，由于岳飞力主收复中原，上书建议宋高宗"亲率六军北渡"，被朝廷以"越职"罪撤职。岳飞只得到抗金前线去投奔河北招讨使张所。在战斗中岳飞夺下敌军大旗，挥旗冲锋，宋军士气大振，将士奋勇争先，占领了新乡。在太行山中，他单骑持丈八铁枪，刺杀金将黑风大王。在汜水关，他一箭射死金兵主将，大破金兵。

岳飞第二次效力于宗泽部下。不久宗泽死后，杜充接替了宗泽。杜充打算放弃中原，渡过长江去安营扎寨。岳飞力谏，杜充没有听从。后来，金国四太子兀术率众渡长江，杜充竟投降了金人。岳飞在极为艰苦的条件下屡创金兵，先后在常州、镇江、清水亭等地打击金兀术的嚣张气焰。金兀术率主力杀奔建康（今江苏南京）而来，岳飞在牛头山埋伏精兵，以逸待劳。夜里，命令一百名士卒穿黑衣服混入金营，大喊："宋兵来了!"金兵大乱，自相攻杀。岳飞率主力发动总攻，打得金兀术落荒而逃，宋军乘胜收复了建康。

绍兴四年，岳飞任荆南、鄂岳州制置使。他上书建议攻取襄阳六郡作为恢复中原的基地，又被授以黄复州、汉阳军、德安府制置使。岳飞乘船渡长江，对部下发誓："我若不能擒贼，决不渡这条江!"在襄阳，一举击败勾结伪齐政权的李成，又进兵邓州，直捣中原。

伪齐政权头目刘豫是金国重臣粘罕的心腹，与金兀术不和。一次，岳飞部下捉住一名金国间谍，岳飞抓住机会，实行反间计。他对金国间谍说："你不就是我军的张斌吗？我派你到齐去，约定诱杀四太子，可你一去不回。我又派人去了齐国，刘豫已答应我，今冬以会合进军江南为名，引诱四太子到清河。你背叛了我，太不应该了。"金国间谍怕死，就假装有这回事。于是岳飞写了一封信，用蜡封好，藏在间谍的大腿皮肉中，然后放了间谍。间谍回去报告了金兀术，于是刘豫被废，从而孤立了金人。

岳飞还联络了北方爱国志士，准备共同驱逐金人，光复中原。金兀术见岳飞锐不可当，企图集中兵力，会战郾城。他训练了一支精锐骑兵，马上披着厚厚的铠甲，三匹马用皮条连在一起，号称"拐子马"。这次出动的"拐子马"多达一万五千匹。岳飞命令步卒用麻绳把刀结扎在长杆上，不抬头看，只砍马蹄子。一匹马倒下，另两匹马连在一起就不能冲锋陷阵。经过一番血战，终于大破金军。宋军进抵朱仙镇，距汴京仅四十五里。岳飞再出奇兵，以亲随军的五百骑兵大破金军。金军士气动摇，许多将领率部归降。岳飞大喜，对部下说："直捣黄龙府（今吉林农安），与诸君痛饮!"

岳飞战场上的胜利，威胁到宰相秦桧议和的计划，宋高宗赵构也不愿看到徽、钦二帝复位。宋将张俊等嫉妒岳飞每战必胜，谏议大夫万俟卨为报私仇，诬告岳飞谋反。就这样，秦桧以"莫须有"的罪名害死年仅39岁的岳飞。

人们永远纪念这位精忠报国的爱国将军，建立岳王庙，塑岳飞像。岳飞的精神激励着无数爱国志士前仆后继，抵御外侵。

099

第四章

忠勇厚德：果敢行事传美德

逆耳劝诫是忠言

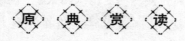

【原文】

忠言拂于耳，而明主听之，知其可以致功也。

——《韩非子·外储说左上》

【译文】

忠诚的言语虽然不悦耳，但明智的君主会听从，因为他知道忠言可以使其成功。

立 德 之 道

忠言往往就是逆耳的语言，虽不中听，却最有价值。在《时机·留侯世家》中也有言："忠言逆耳利于行，良药苦口利于病。"逆耳忠言是别人对自己的劝诫，它能使人反省自己的言行缺点，能督促自己保持良好的品德，能激励自己发奋上进，从而杜绝一味地沉湎在自我陶醉中。

每个人都不能保证自己做的事全都是无可挑剔的，如果每天听到的全都是赞美自己的话，听到的都是一致的声音，这反而不是一件好事。有了过错并不可怕，只要能够及时改正就无大碍，可怕的是讳疾忌医，不愿意接受别人的批评意见，从而由小错到大错，由大错到不可救药。所以要想进步，必须要能接受不同的甚至是反对自己的意见。

刘邦听取逆耳忠言

公元前 206 年，沛公刘邦采纳张良的计谋，一直率军攻打到咸阳城外。当时的秦朝国君是秦始皇之孙子婴。眼看败局已定，子婴便手捧玉玺，出城投降。

随后，刘邦率军进入富丽堂皇、雄伟壮观的秦朝皇宫。众位将士被皇宫中的奇珍异宝所吸引，纷纷打开库府，将金银财宝、珠宝珍玩抢掠一空。刘邦也沿着曲折绵长的回廊，在皇宫中随意游览，只见楼阁林立，雕饰奇特，极尽繁复旖旎、华贵精致之状。皇宫花园中，假山风格奇异，水池波光潋滟，奇花异草争奇斗艳，令人目不暇接。此外，宫中容貌艳丽、风姿绰约的妃嫔宫女们也纷纷向刘邦施礼问安。刘邦贪婪地观赏着各种美色，心神也不禁荡漾起来。刘邦心里既暗自赞叹皇宫的奢华高贵，又暗暗羡慕皇宫生活的奢靡，脚步便不知不觉地向寝宫方向走去。

刘邦手下的大将樊哙是屠户出身，也是刘邦的连襟。他见刘邦走进寝宫，担心刘邦因醉心于享受而忽略了大事，便连忙跟进去，对刘邦直言道："沛公是想做霸主，还是只想做个富贵之人呢？"刘邦一心只想享乐，哪里听得进樊哙的话。樊哙见刘邦只是沉默不语，心中十分焦虑，便又劝道："秦朝之所以灭亡，与华丽的皇宫不无关系。沛公万万不能留在此地，请速速赶回灞上。"

樊哙说完后，一脸焦急地等待刘邦回应，可刘邦仍然纹丝不动，半晌才悠悠然答道："我感到有些疲倦，今天晚上就睡在这里吧。"樊哙听罢，心中既恼怒又忧虑。因害怕情急之下出言不逊而惹恼了刘邦，樊哙只得转身离去，打算请张良前来劝阻。

不一会儿，张良就来到刘邦面前，劝他道："秦朝残暴苛虐，百姓不堪忍受，才会起义造反，沛公因而成就功业。沛公灭掉秦朝，救天下苍生于水火之中，理应严于律己，待民亲善，施行仁政，休养生息。如今，沛公刚入咸阳，便只顾着自己享受，臣担心沛公会重蹈秦朝之覆辙。所以，沛公千万不能只为一时的享受而影响了垂成之功。请沛公三思而后行！"

刘邦听完后，犹如醍醐灌顶，当即醒悟过来，立即下令关闭所有宫门和库府，并率兵返回灞上。

一回到灞上，刘邦便召集当地士绅豪杰，对他们说道："暴秦无道，你们受苦了。如今，秦朝已灭，秦朝的严苛刑律也被废除。今天，我只与你们约法三章：一是杀人者偿命，二是伤人者治罪，三是偷盗者受罚。"说完，刘邦又严令三军禁止扰民，违令者杀无赦。

之后，刘邦谨记忠言逆耳的教训，采纳了很多属下提出的中肯建议。最终，刘邦打败项羽，赢得了楚汉之争的胜利。刘邦也因此成为汉朝的开国皇帝，史称汉高祖。

以死相谏感悟君主

熟悉三国历史的人都知道，吴国有一个反对联合蜀汉、抵抗曹魏的谋臣，名叫张昭。但很少有人知道他曾冒死进谏，使孙权大为感悟。

东汉末年，因中原战争频繁，民不聊生，徐州的士人，便纷纷南迁。张昭一家也在彭城渡江南下。

当时孙策正在创立东吴大业，见张昭其人忠厚，并且有才干，就委以重任，选用他做长史，兼任抚军中郎将，文武大事一概托付给他。张昭为报孙策知遇之恩，恪尽职守，勤勉不怠，鼎力辅佐孙策，使东吴的事业蒸蒸日上。

在兴亡存废的关键时刻，英雄命短，孙策早逝。孙策在临终前，特意在卧帐内召见张昭，说："我死后，我的弟弟就托付给你了。请你倾全力辅佐他。你们要齐心协力，共图吴国大业！"张昭挥泪说道："请主公放心，我会忠心辅佐仲谋（孙权，字仲谋）的！"

孙策死后，张昭不负嘱托，率领众臣拥戴孙权为主，并全力辅佐他，迅速稳定了江东民心。

有一次，割据一方的辽东太守公孙渊派使者到东吴，表示愿意向东吴称臣。孙权听后十分欣喜，不假思索，就想立即派人去辽东封公孙渊为燕王。张昭得知后，急忙赶到孙权的身旁，对他说："公孙渊这个人反复无常，靠不住。他新近背叛魏国，惧怕讨伐，所以才远道而来求援，称臣并不是他的本意。如果公孙渊一旦改变主意，投靠魏国，那么我们派去的使臣就回不来了，我们东吴也将被天下讥笑。"孙权不同意张昭的看法，两个人争辩得面红耳赤。孙权最后按捺不住，按着刀柄，怒气冲冲地说道："吴国的士人进宫拜我，出宫就拜你，我万分敬重你，而你屡次当众忤逆我，我常常担心失去把控。"

张昭注视着孙权，说道："我虽然知道所言无用，但每每仍竭尽愚忠，直言劝谏，实在是因为受先王和太后的遗命重托呀！"说完痛哭流涕。孙权见此，将刀丢到地上，面对张昭也抽泣起来。

最终孙权还是派人去了辽东。张昭见孙权如此一意孤行，十分气愤，于是假托有病，不去上朝。这一举动更加惹怒了孙权，他就派人用土封住了张昭家的大门，而张昭也从里面用土封门。

不久，公孙渊杀了东吴使臣的消息传回吴国。孙权知道自己错了，感到愧对张昭，决定亲自去向他道歉。

这一天，孙权很早就来敲张昭的家门。张昭推托病重在床，不见孙权。孙权在门外冲着门里喊道："我是来向你认错的，你要是不开门，我就不走了！"在萧瑟的秋风中孙权站了好久。张昭感动了，拖着虚弱的身子来开门。门一开，两个人便拥抱在了一起，各自的脸上都挂满了泪痕。

从此以后，张昭又继续上朝了。他经常直言相谏，忠心耿耿地辅弼孙权。张昭死后，家人遵照他的遗嘱：送葬时用帛巾束头，不上漆的棺木殓尸，穿当下通行的衣服。出殡那日，孙权身着白衣，亲临吊唁。

在君主专制下，进逆耳忠言是要冒极大危险的。张昭冒死进谏，虽然未能阻止孙权的失误，却促使孙权省悟到自己的过失，不失忠臣本色。

第四章

忠勇厚德：果敢行事传美德

第五章

职业操守：
爱岗敬业成大事

　　所谓职业操守，就是同人们的职业活动紧密联系的符合职业特点所要求的道德准则、道德情操与道德品质的总和。人的能力和学识是可以提高的，而人的内在品格却极难改变。虽然在短暂的招聘过程中辨清一个人的品德并非易事，但把道德水平作为聘用员工的一个标准，至少为企业把不道德者拒之门外提供了一个机会。

德为事业的基石

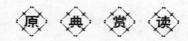

【原文】

德者，事业之基，未有基不固而栋宇坚久者。

——《菜根谭》

【译文】

美好的品德是一切事业的基础，正如盖房子一样，如果没有坚实的地基，就不可能修建坚固而耐用的房屋。

立 德 之 道

美德是为人处世的最佳通行证。也许你是一个很平凡的人，但是如果你拥有美德这张最有用的通行证，人生将由平凡走向成功。不管时光怎么流逝，美德永远是最能打动人心的勋章。在美德面前，所有的不幸都会变得渺小。只有美德能让你获得真正意义上的成功——一种精神上的永恒。它可以让你以最大的视野观察宇宙，让你的生命在最高的顶点上俯瞰世间一切，灵魂也便随着生命格局的扩张而提升。

生命本身是美丽的，"充内形外之谓美"。人的美丽可爱，更重要的是取决于他的精神面貌。正如一位哲人所说："人不是因为美丽而可爱，而是因为可爱而美丽。"一个品德高尚的人，永远是年轻美丽的。德行之美，能由内而外地散发出来，并使美丽永驻。

品德是导引一个人行动的航标，拥有良好的品质，我们才不会在人性的丛林中迷失方向。一个执着追求高尚品格的人，绝不会轻易受到不良心性的影响，做出有损声誉的事情。坚守人格的人，能经得起岁月的考验，并随着时光的流逝，历久弥香。美好的品德，是成就一切大事业的根本。它能让人获得更多的信赖、理解，能得到更多的支持与合作。当人的品格被人认可时，人生的大格局便由此开启。

狄青以德感染刘易

北宋名将狄青和猛士刘易之间有一段这样的故事。有一年，狄青要出守边塞，他的好朋友韩将军向他推荐了刘易。刘易熟知兵法，善打恶仗，对狄青守卫的那段边境的情况非常熟悉。但是刘易有个嗜好，就是特别爱吃苦荬菜，一顿饭吃不到苦荬菜就会呼天喊地、骂不绝口，甚至还会动手打人，士兵、将领都有点怕他。

刘易和狄青一起到边塞后不久，从内地带的苦荬菜很快就吃完了，而边塞又见不到这种野菜。这天，士兵送来的菜里缺少了苦荬菜，刘易便把盛饭菜的器皿扔到地上，并在军营中大闹不止。士兵将此事情报告给狄青，狄青听了非常生气。

但是狄青考虑到如果与刘易发生冲突，不仅破坏了自己与韩将军的关系，还会影响刘易的情绪；但如果放任不管，势必会动摇其他士兵的军心，影响戍边大业。

于是，狄青出面好言安抚刘易，并立即派人回内地去买苦荬菜。一些将领见这种情况，很不服气，刘易何德何能，要骁勇善战的狄将军特意派人去给他弄苦荬菜吃。甚至还有将领想去与刘易比一比武艺，杀一杀刘易的威风。狄将军急忙劝阻众将说："刘易原来不是我的部下，如果你们与他计较，争强斗胜，传出去势必会给敌人以可乘之机。我们现在要加强团结，绝不能争一时之短长。"

当这些话传到刘易的耳中时，狄将军的理解与真正的顾全大局、宽宏大量令他非常感动。他意识到，在这种情况下，自己不该再给非常忙碌的狄将军添麻烦。

第五章 职业操守：爱岗敬业成大事

过了几天，刘易懊悔地去找狄青，说："狄将军，您治军严整，我在韩将军手下时就有耳闻。这次我因这么点小事就大闹，您不仅不责怪我，还原谅了我，我一定会报答您。"从此，刘易再也没为苦荬菜闹过事，并且逢人便夸狄将军的宽阔胸怀。

狄青不仅收服了刘易，而且收服了其他将领、士兵。更重要的是，他在做事情时站在一个高度上，不因小瑕疵而影响大局的风范，值得每个人学习。不管是谁，都会被他宽容的胸怀所折服。

狄青和蔼亲切的风度、令人着迷的人格给人留下了美好的印象。成功之道，在以德而不以术，以道而不以谋，以礼而不以权。做人的成败与做事的成败是密切相关的。狄青正是精通做人的道理，胸怀大志、心装大事，不追究一些细碎的小事，最终求得事业的成功。

管理者以德服人

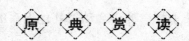

【原文】

势无常也，仁者勿恃。

——《止学》

【译文】

势力没有永恒的，仁德的人不会依靠它。

立 德 之 道

有权有势注注使人产生自大心理和骄躁心态。权势的光环使浅薄者无所顾忌，为所欲为。人们趋从权势或可以谅解，生存的现实常常让他们不得不低下头来，但有权势者若不摆正心态，一味造势弄势，其后果就难以测度了。以势压人者一旦没有了权势，打回原形的他们就会让人唾弃，不值一文。所以仁德的人并不追求易得易失的势力，纵是高高在上，他们也会小心谨慎，不事张扬，以德服人。

七擒孟获

魏、蜀、吴三国鼎立时期，各国的内忧外患都很严重。三国之间的争斗稍有缓和，各个国家就又忙着进行平定内乱、巩固后方的斗争了。

在蜀国，南部地区的骚乱就没停止过，并逐渐发展成叛乱，严重影响了国家的安定。深谋远虑的蜀国丞相诸葛亮，决定出兵南征，平定南方。

出征前，诸葛亮召集各位将军、谋士开会，商定南征的计划。众人纷纷提出自己的主张，其中一个叫马谡的说道："按照以往的经验，南中这个地方的人性格倔强，如果用武力手段征服他们，他们很快就又会起来反抗。所以，最好的办法是用攻心战术，让当地的人心服，以安抚策略获得他们的信任，这才是长久之策。"诸葛亮听了马谡的主张，内心十分高兴，这个建议正符合他长期以来所做的考虑。于是，和大家一起制订了为期五个月的南征计划，先对南方叛乱的汉族地主豪强进行镇压，再对少数民族首领采用安抚办法。

蜀军出征后，战斗十分顺利，很快消灭了叛军的主要力量。最后，只剩下一股由孟获率领的叛军在负隅顽抗。于是，在益州郡，诸葛亮率领军队与孟获展开了一场赛意志、比智慧的艰苦战斗。

孟获生长在西南山区，他从小练就了一身能骑善射的好本领，再加上他生得虎背熊腰、力大无比，在西南地区很少有敌手，名声很大。当叛军的首领被诸葛亮指挥的蜀军杀死后，孟获就被推为首领。

诸葛亮率领军队南征到达益州郡时，正赶上盛夏季节，天气酷热，大雨过后又非常潮湿郁闷，让人喘不过气来。各种传染病也时时威胁着将士的生命和健康，作战条件相当艰苦。但将士们斗志高昂，稍作休整后就开

第五章 职业操守：爱岗敬业成大事

始了与孟获的第一次战斗。

战斗开始前，诸葛亮传令给自己的军队，不准杀死孟获，只准活捉。

战斗开始了，孟获仗着兵强马壮，地形熟悉，并没把蜀军放在眼里，诸葛亮利用他的这种心理，采用佯攻战术，几次冲锋都装作大败而回，等孟获放松警惕后，一举将孟获的军队打散，生擒了孟获。

捉到孟获后，蜀国的士兵欢呼雀跃，拍手称快，希望能早日处决孟获，警告一下反叛者。不料丞相见了孟获，笑容非常亲切，亲自为他解开捆绑的绳索，然后设宴招待他，孟获觉得丧气，席间也不说话，大碗喝酒，大口吃肉，吃饱喝足准备等死。哪知诸葛亮又提出带领他去参观蜀军军营，参观的时候，诸葛亮亲切地问孟获："你觉得蜀国的军队训练得怎么样？战斗力强不强？"

孟获被俘后，很不服气，就怒气冲冲地对诸葛亮说："这样的军队算得了什么！我的军队比这强多了！"

诸葛亮知道这是他的气话，也不生气，笑着反问道："你的军队强，怎么还被打散了呢？"

孟获不假思索地说："这是第一次交战，我还不太了解你们军队的真实情况，你又用了诡计，所以我才打败了。如果有机会再打一仗，我一定会胜利！失败被抓的可能就是丞相你了。"

听了这一派胡言，诸葛亮毫不在意，对孟获说："那好吧，现在我就放你回去，好好做准备，咱们再打一仗。不过咱们说好，你要是再被抓又将怎样呢？"

孟获虽然生性鲁莽，但也有几分狡猾，听诸葛亮这么一说，马上就接道："要是再打一次你还能俘获我，我就心甘情愿地投降你！"

诸葛亮二话不说，立即唤人，将孟获送出了军营。

孟获说什么也没想到自己能如此顺利地走出蜀军大营。他既意外又兴奋，快步如飞地回到自己的营地。他的手下见他回来了既吃惊又高兴。孟获也懒得跟他们说实情，只是立即着手整顿军队，准备与诸葛亮再战一场，挽回自己的面子，给蜀军点厉害。

第二次战斗进行得更快，诸葛亮利用孟获求胜心切的弱点，诱敌深入，围而歼之，孟获又被捆绑着带到了诸葛亮面前。

诸葛亮还是像上次一样对待他，只是问他："这次又是什么原因打败了？"孟获低头不语，因为他也觉得实在已没有什么道理可说，但内心还是有点不服气。

诸葛亮见他那副样子，就知道他虽然不说话，心里却不服气。于是，又像上次那样，提出放他回去，让他准备准备再打一仗，以决胜负。

孟获憋着一肚子的气又回去了，他性格倔犟，真的又着手准备第三次战斗了。可这次更惨，战斗刚开始，他的手下就丢下武器，纷纷逃走了，他们已无心再与蜀军交战。孟获见到诸葛亮，不说话，但还是不服气。诸葛亮也不着急，再次放他回去，约他再战。这样又一连四次捉住了孟获。

尽管孟获的性格比较倔犟，但经过七战七败七次被擒，他还是被诸葛亮一让再让的做法感动了，终于说出了发自内心的话："诸葛丞相，我不回去了！蜀国的军队是不可战胜的，我们服气了。您有了不起的智谋，了不起的品格，实在让我佩服，从今以后，我们再也不造反了！你可以放心了！"

诸葛亮见孟获再也不肯回去了，而且态度诚恳，比以前恭敬、顺从多了，断定他已经是心服了，于是就对他说："我们南征到这个地方，并不是为了打败你们，欺压你们，只是想今后能相安无事，使百姓安居乐业、国家太平无事。你现在既然不想打仗了，那么我就正式委派你做南中地区少数民族的首领，其他各级头领，也都由你委派你们民族的人来担任，我们马上向北撤军，回到蜀中。"

孟获和南中地区的少数民族首领，没想到诸葛亮发大军到这里，最后会是这么个结果，都十分高兴，决定立即把这一带的金、银、丹、漆等物产收集起来，交给蜀军，来表达自己的感激之情。从此，蜀国南部的安定局面形成了。

诸葛亮七擒孟获，不仅安定了蜀国的南疆地区，缓和了当时的民族矛盾，就连后世的人们对此也津津乐道。

上下要度量容人

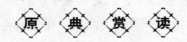

【原文】

上无度失威，下无忍莫立。

——《止学》

【译文】

上司没有度量容人就会失去威信，下属不能忍受屈辱就不会成就事业。

立德之道

大度容人、忍辱负重，是成功者的一个基本素质，和其成就是密不可分的。上位者有容人之量，不仅能让人感恩不忘，也能借此树立自己的威望，增强自己的号召力。反之，当权者若小肚鸡肠，完全凭自己的好恶行事，他就只能是孤家寡人了。身为下属更要控制自己的情感，即使面对屈辱，也不能失去理智。地位使然，过不了此关，就是匹夫之勇，难担重任。

宽容待人是一种美德，是一种思想境界，也是人生的真谛，你能容人，别人自然能容你，这是生活中的辩证法则。一个人是否具有风度和气魄，就体现在他是否具有宽容心，能不能给予别人改过的机会。有了宽容，你就会得到别人的尊敬，并从中获益甚多。

吴祐宽厚待人

东汉时期的吴祐，其父曾为南海太守。吴祐20岁时，其父去世，他清贫无依，却也不肯接受别人的馈赠。他以放猪为生，闲暇时坚持读书，他父亲的一位朋友挖苦他说："你父为官清廉，乃至毫无家产，让人感叹。你虽可怜，可也不该干放猪这种下贱活，你对得起你父亲吗？"

吴祐坦白说："我父亲不谋私利，人们不以为耻；我放猪自存，又有什么可耻的呢？我正是遵循父亲的教导啊。"

吴祐后被推举孝廉，任新蔡县县令。他在任期间，对人宽容，不贪不占，深受百姓爱戴。有个豪绅托请他办事不成，遂诬告他徇私枉法，有人将此事报知吴祐，吴祐却主动上门，诚恳地对那豪绅说："你诬告我，本属有罪，可我念在你是一时情绪失控，所以不想追究。不过你所列举的不实之词，对我倒是有了提醒，以后还望你能监督我啊。"

那个豪绅本以为这是吴祐虚情假意，十分害怕他报复，可时间一长，他便发现吴祐并没把此事放在心上。他又羞又悔，不仅亲自上门请罪，还四处宣扬吴祐的美德。

吴祐后来被提升为胶东侯相。他为政仁慈，常到民间调查民情。有人劝他应用重刑治世，吴祐却说："百姓违犯律法，多是苛政所使，这是我们应自省的。如果我们为官者为民做主，不作威作福，我相信情况一定能有所好转，又何必依赖重刑呢？"

他言传身教，不久境内平安了许多。

一次，吴祐治境内有个乡官孙性私收民钱，买衣服送给自己的父亲。他的父亲知道真相后，不仅不收新衣服，还教训他说："吴大人公正廉洁，身为他的下属，怎能败坏他的名声呢？"

孙性被父亲逼迫来见吴祐，说明实情。不料吴祐并没有深责他，只道："为了孝顺父亲而背上不仁之名，这也不该啊。"

他把衣服还给孙性，让他以自己的名义献与其父，他还用自己的俸银替孙性还了民钱。人们无不对他交口赞颂。

安丘县有个青年叫毋丘长。他在街上把调戏其母的醉汉杀死，逃到胶东。毋丘长被抓获时，吴祐对他十分怜惜，对他说："人之愤怒，必考虑后果吉凶。你只知孝顺，而不念律法，以致夺人性命，泄一时之愤，不是太愚蠢了吗？我虽同情你，却也不能赦免你的罪行。"

毋丘长闻言流泪，悔恨不迭。

吴祐问他有无妻子儿女，毋丘长说有妻无子。吴祐于是命人把他的妻子寻来，安排他们在监牢中过夜。吴祐的下属以为不妥，出言劝阻说："大人心肠良善，也不能有违监规啊。此事若让上司知晓，大人的罪责是逃不掉的。大人和他们非亲非故，为何冒此风险呢？"

吴祐感叹一声，吩咐他们严守秘密，他动情地说："毋丘长不甘其母受辱，这才以身试法，其情可哀啊。我既不能免他死罪，让他留下子孙也是性情中事，只求各位明白我的心意吧。"

不久，毋丘长的妻子怀孕。到了临刑的时候，毋丘长哭着对他母亲说："我不甘受辱，才会杀人获罪，辜负了母亲的养育大恩。吴大人的大恩无以报答，我妻若是生个儿子，就叫他为'吴生'吧。"

吴祐知道此事，感慨万端。他借此常告诫百姓、下属要遵纪守法，绝不可鲁莽行事，胶东的局面更趋安定了。

宽容体现在尊重别人，更体现在原谅别人的错误上，给别人一个改过自新的机会。对待别人的错误，苛刻的指责并不是最好的解决办法，而宽容则为我们提供了一个近乎完美的处理方式。

下属无怨在公平

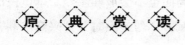
【原文】

世之不公，人怨难止。

——《止学》

【译文】

世道不公平，人们的怨恨就难以停止。

立 德 之 道

怨恨的根源，归根结底还是由世道不公而引发的。怨恨积累到一定的程度，它的爆发破坏力惊人，是任何人不能轻视的。其实，消解人们的怨恨当从治世开始，不从根本上解决问题，要彻底消除仇怨便只能是句空话。无论何人都不能漠视对己怨恨的增长，高高在上者无上的特权也会被积怨撅垮。聪明的掌权者有时做出一些姿态和让步，甚至忍痛割爱来化解怨恨，正是出于这样的考虑。

家 风 故 事

以史为鉴的唐太宗

公元 626 年，唐太宗李世民登上皇位。作为唐朝的第二位皇帝，李世民十分惶恐，一次他对群臣说："秦朝强盛一时，二世而亡。隋朝富庶无比，二代即灭。你们可知是何原因？"

群臣议论纷纷，各有说辞。李世民听罢人言，总结说："以古为镜，可以知兴替。秦、隋二朝自恃强大，广积民怨，可算是它们的败亡之根。若它们小怨即解，大怨便无，何至于民怨沸腾、不可收拾的地步？我朝当引以为戒啊。"

针对隋朝的"虐民"之失，李世民提出了"民为邦本"的思想。他认为隋亡之祸本可避免，若隋炀帝不是无休无止地征收徭役，不断盘剥百姓，那么百姓的怨恨便可消减，最后的局面也不会那样惨烈。李世民深躬自省，制定出了"恣其耕稼""轻徭薄赋""勿违民时""兴修水利"等一系列重农安民、抚民养民的政策和措施。

有人担心这样会使国家财税不足，于是上谏说："国家足用，方能整军用事。现在百废待兴，国家正是用钱之时，若只虑安民，恐大事无以为办，反增隐忧。"

李世民据此告诫群臣说："民怨不除，万事皆消，此乃国之大患，其他俱不足道。立国，先须存民；国家富庶，先须百姓衣食有余。倘若朝廷急功近利，此时处处伸手，无异于扰民添怨，秦、隋的悲剧便要重演了。"

李世民不改初衷，使得百姓心安，国家的经济在贞观年间便很快地恢复和发展起来，收到了奇效。

在人才的使用上，李世民另有一番真知灼见。他在朝堂上公开说："任人唯亲，嫉贤妒能，是用人上的致命之失，这只能埋没人才，让人指责朝廷的不公。人才不为国家所用，不仅是国家的损失，也是朝廷信誉的损失，长久下去，谁还对这样的政权没有怨恨呢？"

李世民就此推行"任贤治世"的大政方针，他还亲自揽士亲贤，推心对人，敢于把大权下放，听凭大臣发挥特长，以展其才。

李世民手下人才众多，有的曾是他从前的仇敌、宿怨，李世民不计前嫌，一律重用，有人劝他慎重，李世民却一笑说："才者自有不同之见，只要他们现在不与朕为敌，朕何必难为他们呢？做天子的如撇不开一点私怨，何能治国服天下？"

李世民采言纳谏是出名的，当时谏诤之风盛行，犯颜直谏之事不胜枚举。上自宰相御史，下至县官小吏，甚至宫廷嫔妃，都不乏直言劝谏之人。又有人担心如此折损了天子的颜面，李世民长叹说："人不敢言，怨气难消，实情难晓，这才是朕最牵挂的。天子的威望全在治国安民，人们敢于直言，利在国家，朕为何要禁止呢?"在他的治理下，全国国富民安。

下属忠心不表功

【原文】

忠臣不表其功，窃功者必奸也。

——《止学》

【译文】

忠臣不会表白他的功劳，偷取他人功劳的人一定是奸臣。

立德之道

夸耀己功，唯恐人所不知，这是私心作怪的反映。私心膨胀的人最易走向反面，而这绝不是忠臣应有的品质。一心为公的忠臣始终以国家利益为重，即使身有大功，他们也会看之浪淡，更不会以此邀宠显能，以获得私利。奸臣则不然，他们处处营私舞弊，不惜为人不齿，窃取别人之功，目的就是为己谋利。他们自知无德少能，便只能在嘴皮上苦下工夫了，这是所有奸臣的一大特征。

家 风 故 事

周公辅成王

周武王建立西周后没当多久天子就去世了。他的儿子周成王才 13 岁，根本没有治国能力。而且当时天下刚安定不久，人心未定，西周面临很大的危机。周武王的弟弟周公毅然挑起了这副重担，担任摄政大臣辅佐周成王。

周公本来被封在鲁国，但由于要摄政，便让儿子伯禽代替自己去鲁国。伯禽向周公辞行的时候，周公对他说："我是文王的儿子、武王的弟弟、成王的叔叔，我的地位总不能算低贱了吧。但是我听说有人才来找我的时候，即使当时我在洗头，都会把头发挽起来去接见，往往一连好几次；即使我在吃饭的时候有人才来找我，我都会来不及把饭咽下，而是吐出来，马上跑出去见他。我这么谦恭地对待人才还怕失去他们，你到鲁国后，切记不可以自己的身份而看不起别人啊!"

当时权力全部掌握在周公一个人手上，很多人难免会怀疑他的动机。对周公摄政感到最不满的恰恰是他的三个兄弟。

原来商朝灭亡后，周武王把纣王的儿子武庚封在了殷，但怕他谋反，就派了管叔、蔡叔和霍叔三个弟弟去监视武庚。周武王在的时候，三个人还能老老实实地履行职务，等他一死，他们就蠢蠢欲动了，其中动静最大的就是管叔。管叔是周公的哥哥，他觉得周公摄政一定没安好心，对他很不满。狡猾的武庚看出了三个人的不满，于是在中间挑拨离间，说了很多坏话。后来干脆联合他们三个，还有别的一些部落发动了叛乱。

这些谣言传到成王耳朵里，让他也对周公产生了疑心，连一向信任周公的召公也有点想法了。周公见召公也对他产生了怀疑，心里很痛苦，找到召公表白了很久，好容易才打消了他的怀疑。周公奉成王之命讨伐叛军，很快就平定了叛乱，杀掉了管叔和武庚，将蔡叔流放，霍叔也受到了一定的惩罚。周公知道商朝的遗民还很多，如果控制不好，可能还会发生同样的事。所以他把遗民都集中起来，封给小弟弟卫康叔。另外他还把商的贤人微子启找来，把他封在宋国，以笼络遗民。

成王20岁那年，周公见成王已经长大成人，就把权力交还给成王，自己当了一个普通的大臣。

当年武王得病的时候，周公向天祈祷用自己的命去换武王的，祈祷完毕后将祝词封在盒子里，嘱咐史官不要把这事泄露出去。后来成王得病的时候，周公偷偷地向天祈祷："成王年幼无知，犯错的人是我，请上天把灾祸降到我身上，不要怪罪成王。"同样把祝词藏在盒子里封存起来，不久成王的病就好了。等成王亲政了，有人就在他耳边说周公的坏话。周公听说这事后很害怕，就逃到楚国去了。不久天下大旱，成王很着急，于是就去找史官，检查是不是有人祈祷了什么不好的东西而导致旱灾。成王把封存的祝词拿来看，最后看到了周公的祝词。成王感动不已，大呼："我知道闹旱灾的缘故了，就是因为上天看不惯我怀疑周公啊！"说着说着就哭了起来，于是派人把周公接了回来，再也没有怀疑过他。

周公回来后，见成王年少力壮，怕他会陷入淫欲之中，写了很多诗歌规劝他。成王在世的时候一直受周公的辅佐，把国家治理得很好。

再好的人也免不了一死，周公也是一样。不久他就生了重病，在临死的时候他对前来探病的成王说："请把我葬在京城附近，以表示我不敢远离成王您。"周公死后，成王把他葬在了毕这个地方，以文王的规格举行了葬礼，表示自己不敢以对待大臣的礼节去对待周公。

周公去世的那年，还没来得及收割庄稼就降了暴雨，全国上下一片惊恐，成王再次检查祝词，这次又看到周公祈祷用自己的命换武王的祝词。成王大惊，赶紧去问史官，史官说："是有这么回事，但周公不让我说。"成王拿着那份祝词哭着说："当年周公对我们如此忠诚，但我却不知道。今天上天动怒来宣扬周公的德行，我应该赎罪啊！"成王下令鲁国可以有祭祀文王的资格，也就是说让鲁国拥有演奏天子音乐的权力，这全是为了表彰周公的德行。此外，周公的次子世世代代在周朝担任周公一职，世袭罔替。

第五章 职业操守：爱岗敬业成大事

职场最看重诚信

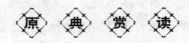

【原文】

人无忠信，不可立于世。

——程颐

【译文】

一个人如果不讲忠诚、信义，那么他将无法在世界上立足！

立 德 之 道

一个成功的人，常有许多共同的优点，其中很显著的一点便是在任何时候都诚实守信，遵规守约。一个人能说会道固然重要，但更重要的是一诺千金，说到做到。

信用是人们交往中能够履行约定而取得的信任。它是衡量一个人人格、品质的尺度。一个人信用度如何，影响到他在交际中的地位、形象和威望。一般说来，对恪守信用的人，人们会格外推崇、依赖和亲近；而对不守信用的人，则常常轻蔑、贬斥和远离。

一个人失信于一时，将不信于一世。大凡不讲诚信者，都工于为自己算计，殊不知，占得的只是一时便宜，失去的却是宝贵的信任和合作的机会。

常言道，"上当只一回"，"只有再一再二，没有再三再四"。你不讲诚信，别人还会同你继续共事吗？还敢同你打交道吗？

大哲学家康德曾经说过：有两件事情可以引起我们内心深处深深的震撼，一件就是璀璨的星空，另一件就是我们做人的道德准则——诚信。

诚信是中国传统文化的核心内容之一，是中国人终身都要遵循的道德信条，它是衡量一个人品德非常重要的标准。然而，到了今天，在一些地方，在一些领域，诚信似乎成了稀缺资源，冒牌货、造假账、假文凭、恶意欠薪、考试作弊……这些现象侵蚀着人们的诚信观念，以至于当讲到诚信时，一些人甚至会不屑地说："诚信，值几个钱?!"

诚信是无价的，是我们每个人获取成功最宝贵的财富。

家 风 故 事

范仲淹封金不纳

北宋著名的政治家、文学家范仲淹，出身于一个贫寒的家庭。他2岁时，父亲病死，母亲改嫁。范仲淹从小就住在亲戚家，过着寄人篱下的生活。

贫寒的生活使范仲淹更加严格地要求自己。少年时期，他就以诚实忠厚、勤奋刻苦闻名。为此，很多人都愿意同他交往，甚至一些年龄比他大很多的人，也和他做了忘年的朋友。

当地有一位阴阳术士（指以占卜、看星相、炼丹等为业的人），是个风趣幽默、知识很广博的人。范仲淹在读书之余，常常向他讨教些天文地理、阴阳八卦之类的知识，那位术士也很喜欢这个诚实、好学的少年，两人相处得十分融洽。

可惜，这位阴阳术士患有痨病（即结核病），身体非常不好。再加上他没日没夜地钻研炼丹术，更加重了他的病情。终于有一天，他病得起不来床了。家里人请来医生为他诊治，可是，医生摇摇头，说再也无法挽救了。果然，他的病情一天比一天恶化。到临终那天，他请人把范仲淹叫来，两人进行了最后一次谈话。

术士问范仲淹最近又读了些什么书，写了哪些文章。范仲淹一一告诉了他，还给他背诵了自己刚写的诗。术士听后露出了微笑，精神也好像振作了一些。他艰难地对范仲淹说："我早就看出你是个不寻常的少年，将来一定会干一番大事业，可惜我看不到那一天了。不过，我要你答应我一

件事。"

范仲淹说:"您讲吧,只要我办得到,我一定尽力去办!"

术士严肃地说:"不是尽力去办,而是一定要办到。我要你不论遇到什么困难,都不能放松对自己的要求,要勤奋地读书,诚实地做人,将来干一番大事。不要像我,一辈子碌碌无为。"

范仲淹含着泪说:"我一定做到。"

术士又吩咐人拿来一个用火漆封了口,并加盖了印章的口袋,交到范仲淹的手里,然后说:"这里面有我祖传提炼'白金'的秘方,还有一斤炼成的'白金'。我的儿子尚年幼无知,传给他,我不放心。现在我把它交给你,希望它日后能对你有所帮助。"

范仲淹急忙推辞道:"您的好意我感激不尽,可这样的宝物我不能接受。您可以让家里人收藏,待小兄弟长大了,再传给他也不迟。"

术士见范仲淹推辞,急得瞪大了眼睛,又剧烈地咳嗽起来,他挣扎着说了最后一句话:"你若不收……我死……也不能瞑目了……"

范仲淹再想推辞,已来不及了。不一会儿,术士就断气了。范仲淹双手捧着沉甸甸的口袋,泪如雨下。他知道,这位术士先生看自己生活艰难,希望帮助自己专心求学,才把这份珍贵的遗产传给自己,而先生家里也并不富有啊!他想:"我只有发愤苦读,才能不辜负先生的这番美意。"

在这以后,范仲淹更加勤奋努力,每天都读书到深夜。读书之余,他常常拿出那个口袋激励自己。但他从来没有想过要用这笔财富来改善自己的生活。就是穷得每天只能喝一碗粥的时候,他也没有打开过那个口袋。一些富人听说范仲淹藏有一个神奇的秘方,就打算花大钱给买过来,却都被他一口回绝了,连熟悉范仲淹的人也弄不清他留着这笔财富干什么。

多年后的一天,在京城范仲淹的府第里,已经做了秘阁校里官的范仲淹正在和一位年轻人交谈,两人谈得很亲切,原来这位年轻人就是当年那位术士的儿子,是范仲淹派人专程从老家请来的客人。只见范仲淹和蔼地望着年轻人,说:"听说你读书很用功,很有出息,我心里真是高兴。你父亲若在天有灵,也一定会感到欣慰的。我这次请你来,一是让你到京城见见世面;二是想了却当年你父亲托付给我的一件事。"

说着，范仲淹叫人取出了那个珍藏多年的口袋，双手捧着送到年轻人的手里，说："当年你父亲去世时，怕你年幼无知，保不住这件珍宝，就让我替你收藏这个口袋。现在你已经长大成人，又这样发奋有为，我想是该把它交还给你的时候了。"

　　年轻人站起身来，眼里充满泪水。他双手颤抖着接过口袋，嘴里喃喃地说："这……这是家父生前亲手留下的遗物吗？"

　　范仲淹说："正是，他还请我转告你，一定要勤奋地读书，诚实地做人，将来去做一番大事业……"

　　说到这儿，范仲淹望着窗外的蓝天，仿佛又回到术士去世的那天，他的两眼也潮湿起来。过了一会儿，他转过头来对年轻人说："这口袋里是一笔珍贵的财富，你要时时用它来激励自己。在你将来生活有困难时，它也许能帮你渡过难关。但是，更重要的，你要记住你父亲留下的话：'一定要勤奋地读书，诚实地做人'。这才是我这次请你来的真正原因。"

　　看着年轻人眼里射出一股坚定的目光，范仲淹放心了，他觉得自己总算了却了一桩大事，没有辜负朋友的嘱托。

　　送年轻人去歇息之后，范仲淹回到书房。老管家走过来说："李太监又派人来问，那个炼白金的秘方何时能借去看看。"

　　范仲淹冷冷一笑说："还按原来的话回答他：'那是我替别人收藏的东西，未经主人允许，不敢开封，请恕我不能从命！'对了，你再加上一句：'东西现已归还原主，带离京城了。'"

　　管家有点迟疑地说："大人，李太监可是当今圣上的红人啊，望大人三思……"

　　范仲淹轻蔑地答道："他是红人也好、黑人也罢，不是自己应该得到的东西，就不能昧心得到，这是天经地义的事情，也是我范仲淹做人的信条。这句话你也可以一起告诉他！"

　　说完，范仲淹大踏步地走出书房。

获得功名知谦让

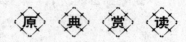

【原文】

受誉知辞，辞则德显，显则释疑也。

——《止学》

【译文】

接受荣誉要懂得辞让，辞让就能显现美德，显现美德就可以解除猜疑了。

立 德 之 道

获得荣誉、赢得名声是一次机遇，也是一次考验。如果心安理得地接受，全没有一些辞让之心，这样的人不仅让上司猜疑，也会让别人多有非议。在上司的眼里，纵使下属功劳再大，也不该忘却上司的存在，不忘对之心生敬畏，反之则是野心家之类，应当防范了。在其他人看来，如果一个人有功自骄、目中无人，他就无法让人依靠和信赖，人们对他失去了信心，抵触情绪和拆台之举便自然而然地产生了。

家 风 故 事

朱元璋大杀功臣

朱元璋是个难得的人才，他能征善战、杀伐果断。但他的长子朱标和他完全不同，是个心肠比较软的人。朱元璋为了教育朱标，派了很多功臣良将辅导教育他，想把他培养成为一个文武双全、有勇有谋的人，日后成为一个合格的君主。但朱标天性仁慈，很难达到朱元璋的要求。

朱元璋见儿子不太适合成为自己这样的人，以后可能控制不了功臣，于是就采取了另一种办法。

那些跟朱元璋打天下的人都很有才干，功劳也很大，朱元璋知道朱标没有足够的能力让功臣们为己所用。虽然他们当中大多数人都没有造反的想法，但朱元璋还是不太放心。为了保住自己的江山，朱元璋不得不拿功臣们开刀，为儿子清除障碍。

丞相胡惟庸心术不正，曾经想谋反，被朱元璋发现后将他杀掉了。胡惟庸在朝中势力很大，很多大臣都和他有交情。朱元璋觉得这是个好机会，于是下令追查胡惟庸的余党。当时朱元璋手下有一个特务机构，叫作锦衣卫，专门负责监视大臣们的活动。锦衣卫只听从于皇帝一个人的命令，别的部门无权干涉，所以朱元璋才能够了解大臣的一举一动。这次追查胡惟庸的余党，锦衣卫也出了很大的力，凡是和胡惟庸稍微有点关系的人都被编成名册上报给朱元璋，最后总共查出了 1.5 万多人，朱元璋一狠心，下令把这些人全部杀掉了。

朱元璋对自己的亲戚们也不放心。朱亮祖是宗室，在统一天下的战斗中立过很多功劳，但他一直横行霸道。在广东当官的时候，经常接受当地土豪的贿赂，打击报复为民做主的县令道同。道同向朱元璋上奏，揭发朱亮祖的罪行。朱亮祖早就得到了消息，恶人先告状，反过来控告道同目无法纪。朱元璋先接到朱亮祖的告状信，下令把道同就地正法。等使者派出去后，他才收到道同的奏章，恍然大悟，马上派人去赦免道同，结果晚了一步，道同在赦免书到来之前就被处死了。朱元璋非常生气，把朱亮祖和他的两个儿子抓了起来，活活鞭打至死。

胡惟庸案件过了几年后，又有人告发前丞相李善长当年和胡惟庸来往密切。李善长足智多谋，是开国文臣中的第一功臣，还和朱元璋是儿女亲家。当时他已经告老还乡，在他临走的时候，朱元璋赐给他铁券，承诺他日后犯罪的话，可以免死。但这个时候朱元璋已经忘记了当年的承诺，一翻脸把李善长全家 70 多口人全部杀掉了。然后又追查余党，杀了1万多人。

开国功臣徐达是朱元璋的童年伙伴，朱元璋的天下至少有一半都是他打下来的。但正因为他功劳大又很有才干，朱元璋才对他很不放心。徐达也知道朱元璋的想法，所以在他面前表现得非常谦虚谨慎，生怕触犯朱元璋。朱元璋抓不到徐达的把柄，也不好随便杀他。有一次徐达背上生了毒疮，医生告诫他不能吃鹅肉。朱元璋听说徐达生病，假惺惺地派人前去探望，还送去了一个锦盒给徐达。徐达揭开盖子一看，里面居然是一只蒸鹅！徐达何等聪明，马上就猜出了朱元璋的用意，流着眼泪把那只鹅吃了。不久，徐达病发身亡。但他已经很幸运了，他的家人都没有受到牵连，比李善长好多了。

另外被朱元璋杀害的功臣还有很多，例如和他结为儿女亲家的傅友德被赐死、鄱阳湖大战的功臣廖永忠也被赐死，等等，很少有功臣幸免。

几年后，大将蓝玉造反，朱元璋再次兴起大狱，一口气又除掉了1万多人。经过这三次大狱后，明朝开国功臣几乎命丧黄泉，朱家的江山算是巩固下来了。但具有讽刺意味的是，朱元璋辛辛苦苦培养的朱标却早死，真正造反的却是朱元璋最信任的儿子燕王朱棣。

扬长避短善用人

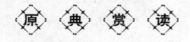

【原文】

明主之官物也，任其所长，不任其所短。故事无不成，而功无不立。乱主不知物之各有所长所短也，而责必备。夫虑事定物，辨明礼义，人之所长而蝼蚁之所短也。缘高出险。蝼蚁之所长，而人之所短也。以蝶蟓之所长责人，故其令废而责不塞。故曰："坠岸三仞，人之所大难也，而蝶蟓饮焉。"

——《管子·形势解》

【译文】

英明的君主授官任事时，用人之所长，而不用人所短。所以办事没有不成的，功没有不立的。昏乱的君主则不懂得万物都各有所长和所短，而一律求全责备。考定事物，辨明礼义，本来是人类的所长而是猿猴的短处；爬高走险，则是猿猴的所长而是人类的短处。如果用猿猴的所长来要求人类，那么政令就会失效而责任不能履行。所以说："坠岸三仞，人之所大难也，而蝶蟓饮焉。"

立 德 之 道

尺有所短，寸有所长，再优秀的人也不可能是完美的，再糟糕的人也有特有的长处。对于优秀的人，如果错用他的短处去办事，那么结果是失败的；换了糟糕的人，如果用他的长处去办事，那么也会成功的。这就是"用人之所长，避其之所短"的奥妙所在。

关于用人扬长避短、适才而用的思想，我国古代的许多政治家、思想家都对此有过论述。

战国时期的齐国名士鲁连子就曾对孟尝君说："善于攀缘树木的猿猴，倘若置于水中，则不如鱼鳖；日行千里的骐骥要论历险乘危，还赶不上狐狸。曹沫奋三尺之剑而劫齐桓公，迫其归鲁侵地，一军不能当，但让他去乡下种地，那肯定不如农夫。因此，倘若弃其所长而用其所短，即便是尧那样的圣贤，也会有所不及的啊！"这一段话充分说明了世间万物各有长短，所以如果对一个人的长处善加利用，那么就会得到事半功倍的结果。

第五章 职业操守：爱岗敬业成大事

家 风 故 事

孙策善用人长

三国时的孙策在用人适才上做得很好。史载孙策为人"美姿颜，好笑语，性豁达，善用人。是以士民见者，莫不尽心，乐为致死"。

孙策用人很注重适才而用，他聘请了张昭、张纮，又请来了周瑜，再千方百计说服太史慈来到他的门下效力。接着，他又把吕蒙、吕范、朱然、周泰、陈武等人招来，并把他们安排到了最恰当的职位上。

由于孙策能够适才用人，他的部下人人各司其职、尽忠职守。而他在弥留之际，在继承人的选择上，更体现了他适才用人的高超技巧。

孙策去世前几日，召张昭等人及弟孙权来到床前，孙策说："天下方乱，以吴越之众，三江之固，大有可为。子布等幸善相吾弟。"然后取出印绶给孙权说："若举江东之众，决机于两阵之间，与天下争衡，卿不如我；而举贤任能，使各尽力以保江东，我不如卿。卿宜念父兄创业之艰难，善自图之！"

孙策又对其母说："儿天年已尽，不能奉慈母，今印绶付弟，望母朝夕训之，父兄旧人，慎勿轻恶。"

孙策母哭着说："你弟弟年幼，恐不能任大事，那该怎么办呢？"

孙策答："弟弟之才胜儿十倍，足当大任。倘内事不决，可问张昭；外事不决，可问周瑜。"

说完，孙策又叫来其他诸弟对他们说："吾死之后，汝等共辅仲谋。宗族中敢生异心者，众共诛之。骨肉为逆，不得入祖坟安葬。"

孙策托政于诸臣，把他长期观察了解的孙权选为国君，又给他钦点了诸位辅臣，这是极有意义的举动，也是他视才之明的最直接体现。而孙策在用人上最独特的地方，就在于不管在哪个层次上，都能做到适才而用。

这样做的好处是能够发挥出人才的整体效应，使每个人的才能都能最大限度地发挥出来。他尤其重视高层次人才的任用，对自己认定的人才，他坚持使其职能相称，并对其大力扶植。实践证明，孙策任用孙权及钦定辅政大臣之举是极其高明的，这一决断，为东吴的发展壮大起到了至关重要的作用，也从另一方面证明了适才用人的重要性。

<h1 style="text-align:center">宋太祖巧用败军之将</h1>

　　陈承昭本是南唐将领，官至南唐保义节度使，在南唐时期可谓是地位显赫。当时，赵匡胤率领后周的先锋部队攻克泗州后，继续一路东下，与陈承昭统率的军队在淮河地区展开了决战。赵匡胤足智多谋，指挥得当，而陈承昭作战无能，最后被赵匡胤生擒。陈承昭从此身败名裂，他在后周谋得一个右监门卫将军的小官，失去了往日的显赫地位。

　　宋朝初建，赵匡胤大力兴修水利，开漕运以通四方。然而他手下有勇士3000，谋者800，却没有一个人精通治水之术。于是赵匡胤四处求贤纳才，物色治水能人。此时，赵匡胤听人说陈承昭对治水很有研究，便派他去督治惠民河，以通汴京南部的漕运。陈承昭欣然赴任，他察看了水势，见惠民河水太小，即便疏通也未必能够通航。

　　于是，他遍寻水源来补惠民河之水。他通过勘察地形发现郑地地形较高，而郑地西部的河流至郑地后都改向东南流去，如想让这些水流向东北，必须加以疏导。他让民夫将郑地西部的闵水和阔水引至惠民河，使惠民河水量大增，水贯连汴京，南历陈州等地直入淮河，由此沟通了京城与江淮的漕运。

　　赵匡胤见陈承昭确实是位治水之才，于是在国家的治水之事上重用陈承昭，在疏通了惠民河以后，赵匡胤又命陈承昭前去疏通五丈河。

　　五丈河与惠民河的相同之处是水少，不同之处是五丈河中淤泥甚多，不利舟行。因此，五丈河除需注水外还得挖泥，无论从工程量上还是从疏通难度上都较惠民河有所加大。

　　经过勘察，陈承昭发现在汴京的东面，荥阳虽有汴河水东流，但还有京水、索河两条河直接流入了黄河。他遂上书赵匡胤，说京、索二水都可以引来注入五丈河，赵匡胤很快准奏。陈承昭于是带人自荥阳向东开渠百余里至汴京，将京、索二水东引入汴京城西，架流过汴河，向东注入五丈河。从此，五丈河水量充足，陈承昭又将水东北引向济州大运河，东北漕运由此开通。

后来，赵匡胤欲平南唐，却顾忌江南水军的威力。此时，陈承昭建议赵匡胤建立一支能打水仗的水师。赵匡胤大喜，命陈承昭亲办此事。陈承昭在城朱明门外凿挖水池，引惠民河之水灌入大池中，在此操练水军。不久后，宋朝拥有了一支强大的水军，南唐很快得以平定。

接着，陈承昭又为宋朝成功治理好了黄河水，两岸百姓对他歌功颂德，陈承昭也越来越得到赵匡胤的器重。

陈承昭在带兵上虽是庸才，但在治水方面可谓天才，明智的赵匡胤正是发现了他这一特长，对这个败军之将没有加以全盘否定，而是巧妙地用其所长，结果收到了很好的成效。可见，对人之所长，如果能充分使用，的确能起到事半功倍的效果。

爱岗敬业最可贵

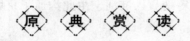

【原文】

敬守勿失，是谓成德，德成而智出，万物毕得。

——《管子·内业》

【译文】

恭敬地守住它而不失掉，这就叫作"成德"。德有成会产生出智慧，对万事万物全都能掌握理解了。

立 德 之 道

在现代职场，一个员工是否成功，取决于他的敬业程度。

那么，什么是敬业呢？

所谓"敬业"，就是敬重并爱好自己的工作，工作时投入自己的全身心，甚至把工作当成自己的事业，无论怎么付出都心甘情愿，并且能够善始善终。

爱岗敬业，是职业道德的总体要求，是一个人基本素质的体现，它体现着一个人工作的能力和才干，体现着一个人对社会、对企业、对集体的责任感与奉献精神。

爱岗敬业是一种可贵的职业品质，是职场人士的基本价值观和信条。

在经济社会中，每个人要想获得成功或得到他人的尊重，就必须对自己所从事的职业、对自己的工作保持敬仰之心，视职业、工作为天职。可以说，敬业精神是职业精神的首要内涵，是职业道德的集中体现。

不管在哪里，都会有许多才华横溢的失业者。当你和这些失业者交流时，你会发现，这些人总是对原有工作充满了抱怨、不满甚至仇视，不是怪环境条件不够好，就是怪老板有眼无珠、不识才。总之，牢骚一大堆，埋怨满天飞。殊不知，问题的关键就是自己吹毛求疵的恶习使他们丢失了敬业精神这种宝贵的职业品质，从而使自己发展的道路越走越窄。

具备敬业精神的员工之所以受欢迎，是因为他们认识到敬业精神是一种优秀的职业品质。这样的员工会为企业的发展做出真正的贡献，当然，他们自己也会因此从工作中获得无穷的乐趣和收益。

应该说，一个人做到一时敬业很容易，但要做到在工作中始终如一，将敬业精神当作自己的一种职业品质却是难能可贵的。

诸葛亮劳死五丈原

汉末时期，诸侯割据，天下非常混乱，曹操挟天子而令诸侯，东吴孙氏独霸一方，刘备只是在小小的新野暂居。

此时，徐庶因为迫于曹操压力必须离开刘备，在临行之前，向刘备推举了南阳卧龙岗的诸葛孔明，说其有平定天下之才，可帮助刘备干一番大事业。于是刘备带着张飞和关羽连续三次到卧龙岗上请诸葛亮出山，终于打动了诸葛亮。诸葛亮为了报答刘备的知遇之恩，用尽一身才华为其赢得了三足鼎立之势，曾经火烧新野，草船借箭，与周瑜一起火烧赤壁，大大地加强了刘备的势力。

后来关羽被东吴杀害以后，刘备报仇心切，竟不听诸葛亮的劝告，亲自率军出征，攻打东吴，结果大败，自己也病倒在白帝城的永安宫。刘备知道自己病难以治好，便派人日夜兼程赶到成都，请诸葛亮来嘱托后事。

在刘备临死之时把自己的儿子阿斗托付于诸葛亮，诸葛亮痛哭流涕，在刘备身边说："我得到您的知遇之恩，要用一生相报答，在您去世后我一定会毕恭毕敬地辅佐小皇子。"

后来诸葛亮果然不负前言，一面联吴伐魏，南征孟获，积极准备两次北伐，在最后一次北伐前夕给阿斗写《后出师表》表示自己为国鞠躬尽瘁、死而后已。最终，诸葛亮为国家努力奋斗一辈子累死在五丈原。

诸葛亮聪明绝顶，可惜出师北伐没有胜利就已经死去了，他的忠烈常常让后人感慨无比。

第六章

勤劳美德：民生在勤则不匮

　　勤俭持家，是我国劳动人民的一大美德。在这方面我国古代流传下不少有名的格言与佳话，如"民生在勤，勤则不匮""勤，治生之道也"，等等。所有这些有关勤的论说，是我国古代人们历史经验的总结，时至今日，仍然有着现实的意义，是我们今天应当大力提倡的。

一生做个勤奋人

【原文】

勤有功，戏无益。戒之哉，宜勉力。

——《三字经》

【译文】

勤奋（学习）就会有所成就，老是嬉戏玩耍就没一点好处。（你要）以这句话为戒，（时时提醒自己）应该努力、尽力。

| 立 | 德 | 之 | 道 |

《三字经》从人性、做人、学习方法、品德等各个方面讲起，告诉我们，凡是勤奋上进的人，都会有好的收获，所以一定要时刻警戒自己不可以只顾贪玩，浪费了大好时光是一定会后悔的。

《三字经》的全文到此为止，它归根结底讲的是一个教与学的问题。

古人说"一勤天下无难事"，又说"勤一分有一分的收获，闲半刻少半刻的光阴"，还说"业精于勤荒于嬉，行成于思毁于随"。这些警句不但适用于学习，也适用于生活中的任何事情。

读书是没有捷径和窍门的，勤奋扎实看似是最笨的方法，却也是最有效的方法。勤奋不是一时的心血来潮，不是三天打鱼，两天晒网；勤奋是一点一滴的积累，是永不言弃的恒心。只有了解了勤奋的真正含义并且一直坚持下去，才能一步一步接近成功的目标。

葡萄园里的"宝贝"

有一位农民，病得很重，在他奄奄一息、不久于人世的时候，他最担心的是几个懒惰的儿子将来怎么生活。于是，他把他们都叫到床前，用极其微弱的声音对他们说："孩子们，我快不行了，在临死之前，我想告诉你们一个秘密。我一生勤勉劳动只攒下了一件宝贝。我想把它留给你们，也是一笔财富啊！"

儿子们听到这里，都迫不及待地问："在哪儿呢？在哪儿呢？"

父亲倾尽了全力，最后看了一眼几个不成器的儿子，艰难地吐出："在葡萄园里埋着，去挖出来，你们就可以得到它！"

父亲去世后，儿子们就带着锄头和铁锹，迫不及待地来到了葡萄园里。他们日夜不停地挖，把葡萄园的土挖了一遍又一遍，可就是没见到他们想要的宝贝。

几个人很失望，但出乎意料的是，那年的葡萄却出现了从没有过的大丰收。享受着丰收带来的喜悦，他们突然悟到：父亲留给他们的宝贝就是勤奋呀！

能够如此精辟地给自己的孩子留下人生最后财富的父亲，堪称用心良苦，也非常值得今人效仿。这个事例告诉我们：天道酬勤，只要肯于流汗，就有收获。

第六章 勤劳美德：民生在勤则不匮

勤奋是成功关键

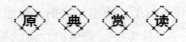

【原文】

怠倦者不及，无广者疑神。

——《管子·形势第二》

【译文】

懒惰的人总是落后，勤奋的人总是办事神速有效。

立 德 之 道

管子向来鄙视懒惰，他认为任何一种杰出的成就都与好逸恶劳的懒惰品性无缘，个人奋发向上的辛勤实干才是取得成功所必须具备的精神品质。

懒惰，是一种恶习。人一旦养成懒惰习性，就会精神萎靡，做事提不起兴趣，得过且过。现实生活中，懒惰的人大都没有雄心壮志和责任心，宁可指望别人来领导，也不肯自己奋斗，就算有一部分人有着远大的目标，也缺乏行动的勇气。

真正的幸福绝不会光顾那些精神麻木、四肢不勤的人，幸福只在辛勤的劳动和晶莹的汗水中。

懒惰的人都有拖延的毛病。对一个渴望成功的人来说，拖延最具破坏性，也是最危险的恶习，它使人丧失进取心。一旦开始遇事推托，就很容易再次拖延，直到变成一种根深蒂固的习惯。习惯性的拖延者通常也是找借口的专家。如果一个人存心拖延逃避，他就能找出成千上万个理由来辩解为什么事情无法完成，而对事情应该完成的理由却想得少之又少。把

"事情太难、太费时间"等种种理由合理化，要比相信"只要我更努力、信心更强，就能完成任何事"的念头容易得多。

总之，懒惰是一种腐蚀剂，它会使人碌碌无为，虚度一生。

与懒惰相对的是勤劳。勤劳，是人的优秀品质之一，是通向成功的唯一的捷径。要想远离懒惰，人就必须勤劳。

纵观历史，大凡一切卓有成就的学者和名流、专家，都是在某一领域内，坚持不懈地在事业上倾注了毕生的精力，方能获得精湛的技艺。他们那一朵朵绚丽多彩的成功之花，无不凝聚着辛勤劳动的汗水。他们共同的成功经验，则是刻苦勤奋的结晶。

家风故事

苏东坡勤学成大家

苏东坡自幼天资聪颖，并在父亲的悉心教育和耐心指导下，逐渐养成了勤学好问的习惯，很有一股子"打破砂锅问到底"的劲头。经过几年的奋发努力，他的学业大有长进。小小年纪，就已经读了许多书，渐渐能出口成章。父亲的至交好友看了，都赞不绝口，称他是个难得的"神童"，预言他必是文坛的奇才。少年苏东坡在一片赞扬声中，不免有些飘飘然起来。他自以为知识渊博，才智过人，颇有点自傲。

一天，他扬扬自得地取过笔墨和纸，挥毫写下了"识遍天下字，读尽人间书"这样一副对联。他刚把对联贴在门前，有位白发老翁路过他家门口，好奇地近前观看。这位老翁看过，深感这位苏公子也太自不量力，过于自傲了。

过了两天，这位老翁手持一本书，来到苏府面见小东坡，说自己才疏学浅，特来向小苏公子求教。苏东坡满不在乎地接过书本，翻开一看，那上面的字竟一个都不认识，顿时脸红了。老翁见状，不露声色地向前挪了几步，恭恭敬敬地说道："请赐教。"一句话激得小东坡脸红一阵、白一阵，心里很不是滋味。

第六章 勤劳美德：民生在勤则不匮

无奈，他只得鼓足勇气，如实告诉老翁他并不认识这些字。这个老翁听了哈哈大笑，捋着白胡子又激他道："苏公子，你不是'识遍天下字，读尽人间书'了吗？怎么会不识此书之字？"言罢，拿过书本，扭头便走。苏东坡望着老翁的背影，思前想后，甚是惭愧。他终于从老翁的话中悟出了真谛，立即提笔来到门前，在那副对联的上下联前各加了两个字，使对联变成为："发奋识遍天下字，立志读尽人间书。"

　　这次，他冷静地端详了好久，并发誓，要活到老，学到老，永不满足，永不自傲。从此，他手不释卷，朝夕攻读，虚心求教，文学造诣日深，终于成为北宋文学界和书画界的佼佼者，成为唐宋八大家之一。

一分耕耘一分得

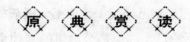

【原文】

　　今以豚祭而求百福，则其富不如其贫也。

——《墨子》

【译文】

　　现在用一头小猪祭祀却祈求百福，那么与其祭品丰盛，倒不如稀少。

立德之道

　　有很多人总是祈求上帝的恩惠，却从来不想自己为上帝做过些什么；总是期望回报，却一如既往地吝惜于付出。一分耕耘，一分收获。只有通过辛勤的劳动，才能收获丰硕的成果，那些想不劳而获、以微不足道的付出却奢望百倍的回报，都是不可能实现的。

一位哲人曾说："我只想要一片绿叶，你却给了我整个春天。"付出就是这样一片小小的绿叶，当我们把绿叶奉献给世界时，世界却回报了我们整个春天，给我们意想不到的收获。当我们以无私奉献之心栽培桃李时，我们良好的品行便为我们铺就了一条通向生命果园的道路。

只有耕耘才有收获。一个人的成功有多种因素，环境、机遇、学识等外部因素固然都很重要，但更重要的是依赖自身的努力与勤奋。缺少勤奋这一重要的基础，哪怕是天赋异禀的鹰也只能栖于树上，望天兴叹。有了勤奋和努力，即便是行动迟缓的蜗牛也能雄踞山顶，观千山暮雪，望万里层云。

家 风 故 事

勤奋好学的王冕

王冕是元朝末年著名的诗人和画家。在他的《竹斋诗集》中，有不少诗是反映人民的疾苦、揭露当时政治黑暗的好作品。

王冕出生在浙江诸暨一个穷苦的农民家庭里。他的爸爸是一个佃农，租种地主的土地，一年四季，尽管每天都起早摸黑地辛勤劳动，生活还是很艰苦。

当王冕看见邻居小朋友去学堂读书时，总是用一种羡慕的眼光看着他们，心里想："要是我也能像他们一样去上学该多好啊！我一定会学得比他们任何人都好。"

可是，王冕家里有时连饭都吃不饱。到了冬天，因为买不起保暖的衣服，在北风呼啸中，大家都冻得瑟瑟发抖，哪里还有钱供王冕上学读书呢？

到王冕七八岁时，妈妈又生了弟弟和妹妹。家里人一多，生活就更拮据了。爸爸为养活全家人，除了更勤苦地劳作，还让王冕帮地主放牛，增加家里的经济收入。于是，小王冕每天一大早就得起床，到地主家里把牛牵出来，赶到村子后面的山坡上放牧。一直到牛肚子吃得滚圆滚圆的才回家。

这一天，王冕又牵着牛向山坡上走去。路过村口的学堂时，听到里面的读书声，他禁不住踮起脚尖趴在窗口向里张望。只见好多个跟他差不多大的孩子，正跟着先生高声朗读呢！王冕看后，心里甭提有多羡慕了。

那天上午，他心不在焉地放着牛，耳朵里总是回响着读书声。怎样才能既不耽误放牛，又能够学习呢？小王冕不由皱起了眉头。忽然，他灵机一动，想出一个办法来，脸上绽出了笑容。

他找来一根又长又结实的绳子，把绳子的一端穿在牛鼻子上，另一端牢牢系在一棵大树上。这样，牛就在大树四周的草地上吃草，不用人照看也不会走远；而王冕自己就可以跑到学堂里，偷偷地听先生讲课了。

从此以后，王冕每次出来放牛都把牛拴在树上，自己悄悄地走进学堂听课。听一句，记一句，他学得非常认真。

有一天，先生给学生们讲授《汉书》，说到了汉人路温舒编蒲抄书和承宫牧猪听讲等勤学苦练的故事，王冕听得特别入神，心中暗暗地想："我一定要向路温舒和承宫学习，不怕条件艰苦，努力让自己成为一个有学问的人。"

他就这样想啊想，不知不觉地，时间很快过去了。等他回过神来，才发现学堂里已空荡荡的了，原来先生和同学们都走了。再向窗外一看，呀！天都黑了，王冕突然想起他放的牛来。

王冕拔腿就向山坡上跑去。等他上气不接下气地赶到山坡时，哪里还有牛的踪影？原先拴牛的树上只剩下一小截缰绳，肯定是牛挣断了缰绳跑了。这可怎么办？丢了地主老爷家的牛，可是一件大祸事啊！

王冕又急又怕，就向另一个山坡跑去。然而，那一个山坡上也没有。这时，天更黑了，王冕只好垂头丧气地走回家。刚一进门，就发现爸爸满脸怒容地坐在屋子中间。原来牛并没有走失，它自己跑回牛圈里时，恰好被爸爸看见了。爸爸以为王冕贪玩，放牛不专心，所以很生气。

该吃晚饭了，王冕刚端起饭碗，爸爸就一个巴掌打在王冕的手上，骂道："这么大了，不好好放牛，还想吃饭？你老实告诉我，今天又干什么去了，为什么牛跑了你都不知道?"

王冕强忍住手上的疼痛和委屈的眼泪，说："我去学堂听先生讲课了。"

"听先生讲课，你也想读书? 还是乖乖地放你的牛吧!"

"不，爸爸! 我要读书，我一定要读书!"王冕倔强地说。

这下可真把爸爸惹怒了。爸爸狠狠地打了王冕一顿，还不给他吃晚饭。

晚上，王冕躺在床上，抚摸着身上的伤痕，翻来覆去地睡不着觉。他的脑子里不时地浮现出路温舒和承宫苦读的形象，于是王冕求学的决心也就更坚定了。

过了几天，王冕还和以前一样去听课。爸爸知道后，又要发怒打他。王冕的妈妈非常同情儿子，就劝解说："孩子求学如此痴心，打也没有用，索性由他去吧!"爸爸听了，长叹一声，从此以后不再管他，也不要他放牛了。

小王冕自由了，他终于可以每天到学堂里去偷听先生讲课，而不用担心牛有没有走失。慢慢地，王冕的求知欲越来越强，学堂里先生讲的内容已经不能满足他，但他又没有钱买书。

这时，王冕听人说附近的一个和尚庙里有许多藏书，于是他就一个人投奔到和尚庙里。庙里的长老见王冕一副诚心求学的样子，就收留了他。

从此，王冕就在和尚庙里住下来。他白天帮和尚挑水、砍柴、烧饭，换两顿饭吃，晚上等庙里的和尚们做完佛事，都睡觉去了，就一个人偷偷地溜进佛殿，坐在佛像膝上，借着长明灯的光亮读书，有时高声朗读，有时默默思考，经常读到天亮。

后来，王冕好学的事情传到了当时会稽一个叫韩性的著名学者耳中。韩性被王冕的好学精神所感动，觉得这个小孩很有前途，就收他做了学生。王冕在名师的指导下更加勤奋努力，终于成了一名很有学问的人。

王冕不仅是一个著名的诗人，而且是一个著名的画家。他为了画梅，就在屋前屋后种了上千株梅树，自称梅花室主。无论冬夏，他每天一有空闲就观察梅的各种姿态，然后坚持不懈地练习，终于画得一手好梅。

第六章 勤劳美德：民生在勤则不匮

王冕就是凭着这种不怕艰苦、坚持不懈的学习精神，才取得了很大的成就。

富贵须在勤中求

【原文】

庭前生瑞草，好事不如无。欲求生富贵，须下死功夫。百年成之不足，一旦败之有余。人心似铁，官法如炉。

——《增广贤文》

【译文】

庭院生长出吉祥的草，这样的好事不如没有的好。要想求得生前的富贵，必须拼命地付出努力。想做成功一件事，花费百年恐怕还不够，而在一瞬间毁掉它，却还会有余力。若说人心像铁，那么国家的法律就像冶炼的熔炉一般不讲情面。

立德之道

好事不会从天而降，所谓的祥瑞吉兆只是人们的一种美好愿望，并不会带来实质性的好处。"庭前生瑞草"未必真的会带来好运，反而会因为看热闹的人太多而给自己的生活带来许多不必要的麻烦。想要得到成功和富贵需要靠自己的双手去努力和拼搏，同时还要具备持之以恒的毅力，善加利用和维护，成功才能保持得持久。做什么事情都要考虑周全，不要因为自己的一时疏忽而功亏一篑，使一切的努力付诸东流。没有人愿意看到这样的结果，只不过有的时候人们的思想容易懒惰，一时的怠慢往往会导致终生的遗憾。

当然，成功除了需要努力以外，还不能得来不义，不义之财莫取、不义之事莫为，否则最终将受到惩罚。所谓"人心似铁，官法如炉"，法律是不徇私情的，人若为了一己私利违法乱纪，为了谋取成功和富贵不择手段，那就必将受到法律的惩处。做人唯有通过自己的辛勤汗水和诚实努力，并且做到合理合法，获得的成功和富贵才是实实在在的，才能保持得长久。

家 风 故 事

两块石头的命运

深山里有两块石头，第一块石头对第二块石头说："去经一经路途的艰险坎坷和世事的磕磕碰碰吧，能够搏一搏，不枉来此世一遭。"

"不，何苦呢！"第二块石头嗤之以鼻。

"安坐高处一览众山小，周围花团锦簇，谁会那么愚蠢地在享乐和磨难之间选择后者，再说那路途的艰险磨难会让我粉身碎骨的！"

于是，第一块石头随山溪滚落而下，历尽了风雨和大自然的磨难。但它依然义无反顾地在自己的路途上奔波。第二块石头讥讽地笑了，它在高山上享受着安逸和幸福。

许多年以后，饱经风霜的第一块石头已经成了世间的珍品、石艺的奇葩，被千万人赞美称颂，享尽了人间的荣华。第二块石头知道后，有些后悔当初，现在它也想投入世间风尘的洗礼中，然后得到像第一块石头拥有的成功和高贵，可是一想到要经历那么多磨难，甚至有粉身碎骨的危险，便又退缩了。

一天，人们为了更好地珍存那石艺的奇葩，准备为它修建一座精美别致、气势雄伟的博物馆，建造材料全部用石头。于是，他们来到高山上，把第二块石头粉身碎骨，给第一块石头盖起了房子。

143

第六章　勤劳美德：民生在勤则不匮

一生之计在于勤

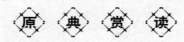

【原文】

一生之计在于勤。

——《增广贤文》

【译文】

一个人的一生要成功首先要勤奋努力。

立德之道

一个人的成功是有法则的，它是各种力量共同作用的结果，需要人从多方面去提升自己才能获得。

"业精于勤而荒于嬉""书山有路勤为径，学海无涯苦作舟""勤能补拙""天道酬勤，厚德载物"。古人通过如此多的至理名言讲述着"勤"能给人带来的各种好处，"一勤天下无难事"，勤奋可以改变一个人的命运，可以使所有的难题迎刃而解。从一天到一年，从家庭到人生，它告诉人们，青春是美好的、时间是宝贵的，唯有珍惜时间、辛勤耕耘才能收获喜悦。

任何一项成就的取得，都是与勤奋分不开的。勤奋是通往成功的必由之路，也是打开幸运之门的钥匙。

没有一个人的才华是与生俱来的，在成功的路上，我们除了勤奋工作，是没有任何捷径可走的。那些试图绕过勤奋、寻找荣誉的人，总是被荣誉拒之门外。在这个世界上，投机取巧是永远都不会成功的，偷懒的人更是永远没有出头之日。勤奋是永远也用不完的财富，它是永不枯竭的资源。没有辛苦的汗水，就不会有成功的喜悦和幸福。

朱丹溪勤学至老

朱丹溪是我国元朝时期著名的医学家，他一生勤奋好学，用自己精湛的医术救死扶伤，受到人们的赞扬和尊敬，因此人们称他为丹溪翁。

朱丹溪出生在一个农民的家庭里。他的爸爸是一个勤劳又老实本分的人。尽管朱丹溪家里不富裕，但基本的温饱还能保证。然而，不幸的是朱丹溪的爸爸得了一种叫肺痨的病，家里没有足够的钱给爸爸治病，爸爸就悲惨地死去了。

从此以后，小丹溪跟妈妈一起过着贫苦的生活。母子俩经常吃不饱穿不暖，可是小丹溪很乖，从来不会因为这些而向妈妈哭闹，也不眼馋有钱人家的孩子大吃大喝、穿得花花绿绿。

不过，每当有钱人家的孩子背着书包神气活现地去私塾上学时，小丹溪心里甭提有多羡慕了。他总是想："要是我也能和他们一样上学，该多好啊！我一定会努力学习，长大后当一个好医生，为像爸爸那样的病人治病。"然而，家里哪里还有钱供小丹溪上学呢？

妈妈看到儿子那么想读书，心里既难过又高兴，难过的是自己没有钱让小丹溪上学，高兴的是孩子有好学精神。一天，妈妈看到小丹溪又痴痴地盯着别的上学去的孩子们的背影，忽然想出一个办法来。

她把小丹溪叫来，让他坐在自己的膝上，给他讲了贾逵隔篱偷学的故事。小丹溪听得非常入神，忽然他领悟了妈妈的用意。原来，妈妈给他出了个"偷学"的主意！

从此，每当私塾里的老师开始讲课的时候，小丹溪总是悄悄地来到私塾的窗口下。由于窗子很高，他就搬来一块大石头，双脚踩在石头上，然后侧着脑袋把耳朵紧紧地贴在窗子上认真地听老师讲课。一边听，一边还跟着老师低声朗诵。一年四季，寒暑不断，学得非常起劲。

有时碰上风雪天，丹溪小脸儿冻得通红通红的，贴在冰冷的窗子上，耳朵都麻木了，他也不肯跑回家暖和暖和。就这样，几年下来，朱丹溪认得的字竟比坐在屋子里面读书的学生还多！

认得那么多字，朱丹溪慢慢地能够独立看书了。可是，家里又买不起书，怎么办呢？这时，好心人就给他出主意，原来镇上有一户姓王的人家，家里有很多藏书。只是这家主人性格很古怪，轻易不肯把书借给别人。

朱丹溪决心去借书，经人指点，他找到了王家。开始，王家主人还以为小丹溪是来找他家小孩玩耍的呢！当朱丹溪说明来意后，王家主人非常吃惊，说："你小小的年纪，能看懂这些古书吗？这些书很难读懂，就是大人们看起来都觉得有些吃力。"

小丹溪镇定自若地说："看一遍不懂，可以看第二遍，多看几遍就懂了。"

王家主人听了，被小丹溪的好学精神所感动，就把书借给了他，并且还说欢迎他看完之后再来借。

这样，朱丹溪就能常常借到书读了。每次书一借到手，他总是如饥似渴地读起来。白天要帮妈妈干活，没有时间读书。到了晚上，他就抓紧时间在昏暗的灯光下认真阅读，常常忘记睡觉，直到天明。每逢下雨天或者过年过节了，别的孩子要乘机好好地玩玩，可是对朱丹溪来说，这却是读书的好机会，因为他可以不用干活、昼夜不停地读他心爱的书了。

书读得越多，也就读得越快。到后来，朱丹溪没几天时间就能读完一大本书，并且把书中重要的地方都摘录下来。天长日久，他几乎把这户人家的所有藏书都读遍了，成为当地有名的一位饱学少年。

20多岁时，朱丹溪就开始在乡里行医。因为他待人诚恳、和蔼，加上医术高明，所以名声越来越大，方圆几百里的人都跑过来请他治病。可是，朱丹溪丝毫不满足自己已经取得的成就，仍旧利用治病余暇，广读医书，提高自己的医术。

为了求得名师进一步指导，朱丹溪在他41岁那年，不怕路途遥远，历尽千辛万苦，来到远离家乡的杭州拜师学医。

到了杭州，朱丹溪听人说有一位叫罗知悌的老医生医术特别高明，心中非常欢喜。第二天一大早，朱丹溪就前去登门求教。

当罗知悌知道朱丹溪是前来学医时，脸色就变得难看起来，一口回绝了。无论朱丹溪如何苦苦哀求，他就是不肯答应。原来，罗知悌这位老医生原先是南宋时的御医，思想很保守，不肯把自己的医术传授给别人。后来朱丹溪又一连去了好多次，每次都吃闭门羹。

旁人听说后，都替朱丹溪感到愤愤不平。可是朱丹溪自己一点也不泄气，常常用"精诚所至，金石为开"这句古话来鼓励自己。

几年后的一个大雨倾盆的早晨，罗老医生一大早就听到门外似乎有人走动的声音。他起床开门一看，朱丹溪恭恭敬敬地站在门外，浑身上下被雨淋得湿漉漉的，冻得直哆嗦。

罗老医生终于被朱丹溪那种锲而不舍的求学精神感动了，他破例收朱丹溪为他门下唯一的学生。这个时候，朱丹溪已经是44岁的人了，两鬓都有些斑白。很多人都觉得不可理解：朱丹溪为什么有福不享，年纪一大把了还去给人家当学生？

朱丹溪经过几年刻苦的学习，加上罗老医生的精心指导，医术大有长进。他不但完全掌握了罗知悌的医术秘方，而且根据实践需要，灵活运用，加以充分地发挥。行医的时候，往往给病人只开一帖药就能彻底治愈，真正达到所谓药到病除。所以，他又被人们称颂为"朱一帖"。但他还不满足，不久又拜苏州名医葛可久为师，学习针灸医术。

朱丹溪就是这样勤奋地学医，终于成为一代名医，和刘素、张从正、李果一起被称为"金元四大医家"。

除了行医治病之外，朱丹溪还根据实践需要，总结自己多年行医的经验和感受，写了《伤寒论辩》《丹溪医案》《本草衍义补遗》等多种医书。这些医书都成为我国医学宝库中闪烁着奇光异彩的重要著作。

第六章

勤劳美德：民生在勤则不匮

148

生于忧患死于安

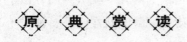

【原文】

及侯景之乱，肤脆骨柔，不堪行步，体羸气弱，不耐寒暑，坐死仓猝者，往往而然。

——《颜氏家训》

【译文】

侯景之乱的时候，士大夫们一个个细皮嫩肉的，不能承受步行的辛苦，体质虚弱，又不能经受寒冷和酷热。在变乱中坐着等死的人，往往是由于这个原因。

立德之道

人贵在有忧患意识。那些长在山谷之中的幽兰，自然散发着魅力和清香，那些娇气的金丝雀一旦离开鸟笼，就会因为不懂得觅食而死亡。人亦是如此，在生活条件宽裕之时，要为过困苦生活做好思想准备，否则当苦难真的来临之时，就难免措手不及，甚至沦落为人之下的境地。

勾践卧薪尝胆

春秋时期，吴越两国相邻，经常打仗，有一次吴王领兵攻打越国，被越王勾践的大将灵姑浮砍中了右脚，最后伤重而亡。吴王死后，他的儿子夫差继位。三年以后，夫差带兵前去攻打越国，以报杀父之仇。

公元前497年，两国在夫椒交战，吴国大获全胜，越王勾践被迫退居到会稽。吴王派兵追击，把勾践围困在会稽山上，情况非常危急。此时，勾践听从了大夫文种的计策，准备了一些金银财宝和几个美女，派人偷偷地送给吴国太宰，并通过太宰向吴王求情，吴王最后答应了越王勾践的求和。但是吴国的伍子胥认为不能与越国讲和，否则无异于放虎归山，可是吴王不听。

越王勾践投降后，便和妻子一起前往吴国，他们夫妻俩住在夫差父亲墓旁的石屋里，做看守坟墓和养马的事情。夫差每次出游，勾践总是拿着马鞭，恭恭敬敬地跟在后面。后来吴王夫差有病，勾践为了表明他对夫差的忠心，竟亲自去尝夫差大便的味道，以便来判断夫差病愈的日期。夫差病好的日期恰好与勾践预测的相合，夫差认为勾践对他敬爱忠诚，于是就把勾践夫妇放回越国。越王勾践回国以后，立志要报仇雪恨。为了不忘国耻，他睡觉就卧在柴薪之上，坐卧的地方挂着苦胆，表示不忘国耻，不忘艰苦。经过十年的积聚，越国终于由弱国变成强国，最后打败了吴国，吴王羞愧而自杀。

第六章 勤劳美德：民生在勤则不匮

勤政为民是根基

【原文】

勤者敏于德义，而世人借勤以济其贪；俭者淡于货利，而世人假俭以饰其吝。君子持身之符，反为小人营私之具矣，惜哉！

【译文】

勤奋的人应当在品德修养上多下工夫，可是有些人却把勤奋用在解决自己的贫困上；勤俭节约的人不看重财物利益，可是有些人却以勤俭节约为名来掩饰自己的吝啬。君子处世的原则标准却成了小人谋私利的工具，真可惜啊！

立 德 之 道

勤奋是美德，如果只把勤奋用在为自己谋私利上，这种美德也就打折扣了。勤奋努力不仅是为了自己，也为了社会，这种勤奋就更为可贵。

勤政是古代官德规范之一。古人认为"清、慎、勤"是为官者必备的三项基本道德，这里的"勤"即为勤政。具体来说，古人勤政治国主要体现在以下三个方面。

一是忧勤天下。"忧勤"是古代为政者心忧天下、勤政不息的政治责任感，是为政者励精图治的重要心理特征。在《诗经·王风·黍离》篇中就有"知我者谓我心忧，不知我者谓我何求"的感叹。孟子所揭示的"生于忧患而死于安乐"的道理，深刻而又辩证地阐明了忧乐与生死之间的内在联系：只有处于忧患之中，才有生的出路；如果满足于安乐的现状，必然在安乐中走向死亡。中华民族千百年来形成的忧患意识，是基于对事物矛盾法则的深刻理解，是对国家兴衰存亡内在规律的重要思考。那些有远见的思想家、政治家把这种忧患意识应用到治国理政当中，从而认识到一个朝代、一个政权的繁荣和稳定不是绝对的，兴衰成败往往就在一事、一策之间。《易经》中写道："君子安而不忘危，存而不忘亡，治而不忘乱，是以身安而国家可保也。"说明只有居安思危，不忘忧患，才能使国家安定。

二是勤于政事。"业精于勤，荒于嬉。"韩愈在《进学解》中阐述的为学之道在政治领域也同样适用。古代先贤早就认识到勤政的重要性和荒政怠政的严重危害。《荀子》中讲："凡百事之成也，必在敬之；其败也，必在慢之。"《韩非子》中也说："不务听治，而好五音不已，则穷身之事也。"大禹治水，吃苦耐劳，励精图治，三过家门而不入，被奉为中华民族集勤劳、勇敢、智慧及大公无私等美德于一身的古代英雄；后汉光武帝刘秀"每旦视朝，日仄乃罢。数引公卿、郎、将讲论经理，夜分乃寐"，成为历代帝王敬业勤政的典范；诸葛亮为辅佐刘备父子复兴汉室，"鞠躬尽瘁，死而后已"，被历代知识分子奉为楷模。可见，勤政确是最为公认的一种政治美德。

三是勤政为民。勤政为民的理论前提是"民为邦本"的民本思想。书曰："民为邦本，本固邦宁。"我国古代统治者很早就认识到治国要以民为本。早在殷周时期，《尚书·盘庚》中就有"重我民""施实德于民""罔不为民之承"的说法。春秋时期，"民本"主张已成为百家共识，重民保民的思想成为政治思想领域的主流意识。比如墨家的"兼爱、非攻"、法家的"富国强兵"，都关注到"民"的问题。对后世影响最大的儒家思想也强调了民作为一种政治力量，在国之兴衰、王朝更替中所起的重要作用。春秋以后，经过社会涤荡，统治者越来越认识到，统治国家的关键在于民心向背。民心向背是政治统治和社会稳定的基础，处理好"民"的问题是君主治理国家的首要政务，所以勤政的出发点与落脚点都在于"民"。

家风故事

杨坚勤政创新

杨坚主政，不思苟安，也不尚虚夸。他是一个励精图治、笃功务实的皇帝。据《隋书》记载，杨坚"性严重，有威容，外质木而内明敏，有大略"。是说他性格严谨持重，外表朴实，甚至看起来有些呆愚，但内里却很聪明，思维敏捷，颇有谋略。为了国家的强盛，他"深思治术"。自开皇元年二月即位，至平陈前后，一连进行了多项改革：改定中央官制，并省地方州县，更定法律，创立科举制度，改革府兵制度，改革均田制度和赋役制度；又制定了一系列经济政策和文化政策，充分说明这一点。

杨坚为政，非常勤苦。他"自强不息，朝夕孜孜"，"日旰忘食，思迈前王"。他每天上朝，倾听奏议，批阅奏章，与臣下讨论政术，从早到晚，不知疲倦，甚至"夜分未寝"。乘车外出，路上遇到上表的人，就停下来亲自询问。他常亲录囚徒，巡视漕渠通水情况，察看稼谷生长情况，亲问民间疾苦。他还经常私下派人到各地采听风俗民情。对于吏治得失，民间疾苦，杨坚是非常留意的。

对于杨坚的勤苦，治书侍御史柳彧也有过评论，并提出建议。柳彧说："陛下留心治道，无惮疲劳，亦由群官惧罪，不能自决，取判天旨。闻奏过多，乃至营造细小之事，出给轻微之物，一日之内，酬答百司，至乃日旰忘食，夜分未寝，动以文薄，忧劳圣躬。"他建议杨坚"若其经国大事，非臣下裁断者，伏愿详决。自余细务，责成所司"。

开皇六年，洛阳人高德上书，劝杨坚为太上皇，传位皇太子，很不符合杨坚的心思。他说："朕承天命，抚育苍生，日旰孜孜，犹恐不逮。岂效近代帝王，传位于子，自求逸乐者哉！"他大志未酬，笃功勤政的心境溢于言表。

隋开皇三年深秋的一个夜晚，皎洁的月光洒满了京城长安，习习的秋风吹进皇宫。皇宫中的仁寿殿此时灯火通明，隋文帝杨坚正在孜孜不倦地批阅奏章。他时而抬起头，若有所思；时而伏首案头，挥笔疾书。在他的身边静静地坐着一位气度不凡的女子，一双闪亮的眼睛不停地在杨坚身上注视着，仿佛要为他分担忧虑，显得那么关切、耐心、认真。原来，她就是独孤皇后。

突然，隋文帝像是被什么问题给难住了。只见他拿起一份奏章，慢慢地站起来，紧锁着双眉，在殿堂中间踱来踱去。独孤皇后看着他那发愁的样子，连忙关心地问："到底出了什么事？"隋文帝晃了晃手中的奏章，似乎自言自语又像是问皇后："京城仓库空虚，缺少粮食，怎么办？"独孤皇后沉思了一会儿，试探着问道："为何不在京城设置官仓，从全国各地调运粮食？"隋文帝听后，似乎恍然大悟，连连"哦"了几声，紧锁的双眉也舒展开了。第二天，杨坚立即下达了一道在京城建置官仓的诏书。

自从杨坚称帝以来，这样的夜晚不知有多少个了。由于诸事草创，政务繁忙，隋文帝常常处理国事到深夜。每当这时，独孤皇后总是恭敬耐心地陪伴着他。一些不好处理的问题，隋文帝常常征求皇后的意见。许多政事经过他们议论，往往不谋而合，所以杨坚对她既爱又怕。他们常常亲密无间，一个勤政，一个协力相助，和睦相处，宫内的侍从称他们为"二圣"。

天道酬勤，由于杨坚勤政，在开皇年间他把国家治理得很有条理。"开皇之治"的出现与杨坚的励精图治是分不开的。

勤奋与创新，二者是一个相互依存的关系。一个人只有不断地去学习去提升自己，才有创新的思维；而当有所创新时，就会更加激励自己，去通过更多的学习来获得进一步创新，如此循环，无穷无尽。

勤能补拙亦成才

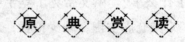

原　典　赏　读

【原文】

弄假像真终是假，将勤补拙总轮勤。

——宋·邵雍《弄笔吟》

【译文】

假的再像真的终究还是假的，先天的不足终究还是要靠后天的勤奋去补救。

立德之道

一勤天下无难事。人们若在年轻时就养成"勤勉努力"的习惯，并且在工作中永远保持勤勉且更努力，那么这种无形的财产和力量将会成为你终生受用的法宝。勤奋使平凡变得伟大、使庸人变成豪杰。成功者的人生，无一不是勤奋创造、顽强进取的过程。

一位哲人曾经说过："世界上能登上金字塔顶的生物只有两种：一种是鹰，一种是蜗牛。不管是天资极佳的鹰，还是资质平庸的蜗牛，能登上塔尖，极目四望，俯视万里，都离不开两个字——勤奋。"

古语说"勤能补拙"。从某种意义上说，勤奋可以弥补不足。勤奋不但可能补"拙"，让你摆脱贫困，在事业上还能助你一臂之力，让你走向成功。

没有任何成功来得轻松，它需要你付出努力，所以，在你的生命里，你必须勤奋。如果你渴望获得成功，你就得勤奋，努力做好工作中的每一件事。勤能补拙，或许你的能力并不是所有员工里最为出色的一个，但只要你付出比别人更多的努力，你一样可以做得更好。

家 风 故 事

曾国藩勤奋读书

清朝咸丰、同治年间位居"中兴名臣"之首的曾国藩，幼时天赋并不高。有一天，他在家中读书，一篇文章不知重复了多少遍，还没背下来。这时，他家来了一个贼，潜伏于屋檐下，想等他读完书睡觉之后下手偷东西。可是等啊等，就是不见他睡觉，还是翻来覆去读那篇文章。贼人大怒，跳出来说："这种水平读啥书？"然后，贼将那篇文章背诵一遍，扬长而去。曾国藩心想："这贼记忆力真好！听过几遍的文章都能背下来，可惜，他没把天赋用在做正事上。我天赋不高，当以勤为径了。"于是，他一生勤奋不息，虚心求教，"博采众长，不因平庸而懈其志"。他虽不配称天才的军事家，却是一个成功的军事家。而他的成功恰恰在于他善于向别人学习。最终，以勤补拙，走向成功。

罗尔纲和华罗庚勤奋著书

著名学者罗尔纲先生，一生著述逾 500 万言，编辑史料达 2000 余万字。他在《困学集》中曾说，自己青少年时体弱多病，但勉力向学。为搜求史料，他十年如一日，通读南京图书馆 70 余万册图书，终于获得了许多珍贵史料。他留下的传世之作《太平天国史》，前后共耗时 30 年。罗尔纲先生的成功秘诀同样是一生勤奋。

"勤能补拙是良训，一分辛苦一分才。"这是华罗庚教授说的，这也是华老的亲身经历：读完中学后，华罗庚因为家里贫穷就失学了，在自家的小杂货店做生意。然而，他坚持一边做生意、算账，一边学数学。一年到头，差不多每天要花十几个小时学习，有时睡到半夜，想起一道难题的解法，他一定会翻身起床，把解法记下来。靠着勤奋，他从一个只初中毕业

第六章 勤劳美德：民生在勤则不匮

的青年成长为一代数学大师、教育家，所写名著《堆垒素数论》成为20世纪数学论著的经典，连爱因斯坦也写信说："你此一发现，为今后数学界开了一个重要的源头。"

勤于财政以养民

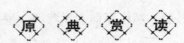

【原文】

天下不患无财，患无人以分之。

——《管子·牧民》

【译文】

天下不怕没有财物，怕的是没有人去管理它们。

立德之道

对于国家来说，理财十分重要。善于理财，即使财货不足，国家也不会出现大问题；如果不善于理财，即使财货丰足，国家也可能会财政困难。王安石曾说过："因天下之力，以生天下之财；取天下之财，以供天下之费。自古治世，未尝以不足为天下之公患也，患在治财无道耳。"这也是强调勤于财政的重要性。

管仲理财的故事

齐桓公雄心勃勃，总想早日称霸诸侯，财政开支非常庞大。为了弥补财用不足的问题，他想增加税收，增设房屋税、树木税、牲畜税、人头税四个税种，却遭到了管仲的极力反对。管仲认为：征收房屋税，人们就可能会故意毁坏房屋；征收树木税，人们就可能会砍伐树苗；征收牲畜税，人们就可能会宰杀牲畜；征收人头税，人们就可能会隐瞒人口。不论收哪种税都会引起老百姓的反感，不利于国家的统治。

齐国土地广阔，人口众多，号称万乘之国。但由于一些贵族之家不向国家缴纳赋税，许多人靠种私田来逃避国家的税收，因此每年所收的赋税却并不多。齐桓公很忧愁，就对管仲说：“我们国家，五分的收入我还不能掌握二分，我们空有万乘之国的虚名，而没有千乘之国的实力。这样怎么能够成就霸业呢？”管仲说：“这不要紧，只要您下个命令就行了。”于是管仲就俯在齐桓公耳边说了一通，齐桓公听后连连称是。第二天，齐桓公下了一道命令：国家要征发老百姓去边疆地区屯田，但家中存有十钟（古代的计量单位）粮食的可以不用去，存有百钟、千钟粮食的更可以不去。以前各家为逃避税收，都故意隐瞒自家的存粮数，现在为了不去边疆屯田，都纷纷把实际存粮数报告上来。掌握了各家的实际存粮数之后，齐桓公又下了一道命令：国家财用不足，各家除留足口粮和种子之外，要把余粮全部按照平价卖给国家。各家没有办法只好照做。这样，各家仓库中的余粮就全部归国家控制了。这不但保证了军粮的需要，还有余粮贷给农民，帮他们恢复生产。

有一年，齐国西部河水泛滥，庄稼没有收成，发生严重饥荒，粮价奇贵，每釜（古代计量单位，十斗为一釜）卖到一百钱；而东部却风调雨顺，五谷丰登，粮食充足，粮价低廉，每釜仅卖十钱。齐桓公想从东部征收粮食救济西部的百姓，但又怕引起东部老百姓的不满，就问管仲应该怎么办。管仲就给齐桓公出了个主意：下令向国中每人征税三十钱，并要求用粮食来缴纳。按照当时的价格，齐国西部的百姓只需每人交三斗粮食就行了，而东部的百姓每人则需交三釜（三十斗）。这样一来，齐国东部的粮食就大量进入国家的粮仓。齐桓公用这些粮食救济西部的百姓，顺利渡过了难关。管仲高超的理财技巧不但用在国内，而且用于对诸侯国的贸易。

齐桓公想要去朝见周天子，但是置办礼物的经费不够，于是就问管仲应该怎么解决这个问题。管仲就给齐桓公出了个主意：让齐桓公下令在阴里这个地方修建一座宏伟的城池，要求有三层城墙，九个城门。其实，他是以这项工程为幌子，征召工匠在阴里这个地方大规模地雕制各种规格的石璧。石璧如数做好之后，管仲就去朝见周天子说："我们国君想要率领各国诸侯来朝见天子，并朝拜先王的宗庙。请您发布命令，要求天下诸侯凡是来朝见天子、朝拜先王宗庙的，都必须带上彤弓和石璧作为献礼，如果不带这些礼物，则不允许参加这次活动。"

周天子爽快地答应了管仲的要求，并向各诸侯国发出了命令。各诸侯国哪有那么多现成的石璧呀？一听到这个消息，赶忙派人四处求购。齐国乘机把在阴里早做好的石璧拿出来，按不同的规格明码标价出售。于是各诸侯国都带着黄金、珠玉、布帛、粮食来换取齐国的石璧。

结果，齐国的石璧流布于天下，天下的财物则汇集到齐国。齐国因此获得了丰厚的经济收入，不仅满足了朝见周天子的费用，而且满足了国家好几年的财政支出。这个策略被称为"石璧谋"。

周天子财政困难，多次下令各诸侯国进贡，但得不到响应。齐桓公想帮助周天子解决这个问题，就问管仲应该怎么办。管仲给齐桓公出主意说："让周天子派人把长江、淮河之间的菁茅产地四周封禁并看守起来，然后再向天下诸侯下令：凡是随从周天子封禅泰山的，都必须携带一捆菁茅作为垫席。不按命令行事的，不得随从前往。"天下诸侯为了能够随从周天子封禅泰山，都争先恐后地到江淮之间购买菁茅。菁茅的价格一下子上涨了十倍，一捆可以卖到很高的价格。这样一来，天下的金钱从四面八方聚集到周天子手中，周天子通过卖菁茅获得了大量财富，七年没有向诸侯索取贡品。这个策略被称为"菁茅谋"。

控制盐铁买卖，调剂粮食流通，"石璧谋"和"菁茅谋"，这些都表现出管仲高超的理财技巧。

吃苦耐劳以养德

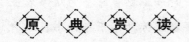

【原文】

凡子侄多忌农作，不知幼事农业，则不知粟入艰难，不生侈心。幼事农业，则习恒敦实，不生邪心。幼事农业，力涉勤苦，能兴起善心，以免于罪戾。故子侄不可不力农作。

凡富家，久则衰倾，由无功而食人之食。夫无功食人之食，是谓厉民自养。凡厉民自养，则有天殃。故久享富佚，则致衰倾，甚则为奴仆，为牛马，是故子侄不可不力农作。

汉取士，设孝悌力田科，敦实务本也。凡为官者，如皆取之农家，有不恤民艰者或寡矣。子侄入社学，遇农时俱暂力农，一日或寅卯力农，未申读书；或寅卯读书，未申力农。或春夏力农，秋冬读书，勿袖手坐食，以致穷困。

——霍韬《训子读书力田》

【译文】

凡是子侄辈的，大多害怕农业劳动，不知道幼时从事农业劳动，就不知粮食来得艰难。参加了农业劳动，就不会养成浪费习性。幼年参加农业劳动，习以为常就会敦厚诚实，不会产生邪念。幼年参加农业劳动，努力经受劳苦，就能培养善良的品德，避免犯过错。所以，子侄们不可不努力从事农业劳动。

大凡富裕的家庭，时间长了就会衰败，根源就在于自己不劳动而吃人家种的粮食。自己不劳动而吃人家种的粮食，这就叫作祸害百姓养肥自己。凡是祸害百姓养肥自己的，就会遭受天灾。因此，长期享受富贵安逸的生活就会导致衰败，有的甚至当奴仆，做牛马。因而，子侄们不可不努力从事农业生产。

汉代从士民中选拔官员，开设了孝敬父母、敬爱兄长、致力耕种的科目，这是敦厚实在致力根本的事情。凡是当官的，如果都从农家选拔出来，那么不体恤百姓艰辛的或许就会很少了。子侄们到学校读书，遇到农忙时节都要暂时全力从事农业生产。一天之中，或者是早晨从事农业劳动，下午读书；或者是早晨读书，下午从事农业劳动；或者是春夏从事农业劳动，秋冬读书学习。不要手插在衣袖中坐等吃饭，以导致穷困。

立 德 之 道

"吃苦"精神不只是对生活上的要求，更是对工作的要求。在工作上发扬"吃苦"精神，就是要任劳任怨、扎扎实实、开拓进取、乐于奉献，就不能拈轻怕重、挑肥拣瘦、斤斤计较。唯有肯"吃苦"，工作才能有成效，事业才能有发展。

古人说："吃得苦中苦，方为人上人。"应该说，一个人要想有所作为，就必须具备能吃苦的精神。

事业做得越大，成就越高的人，他所吃的苦肯定要比别人多。机会来自苦干，机会和成功永远属于那些富有艰苦奋斗精神的人，而不是那些一味惧怕吃苦、等待机会的人。

生活中很多时候，有的人看似比别人多吃苦，甚至是有点傻，其实最终受益的往往正是这些人。有的人偶尔也能吃点苦，但一涉及个人利益的时候，便轻易地放弃了，殊不知他所放弃的，往往还有自己非常渴望的发展机会。

吃苦精神，是一个人事业成功的基础。为什么少数人成功、多数人失败？是否具有吃苦精神是其中的关键。同样的学历，同样的工作，为什么有人能坚持下来成功了，有的却落荒而逃？还是吃苦精神有差异。吃苦耐劳是成功的砝码。那些能吃苦耐劳的人，很少有不成功的。这是因为苦吃惯了，便不再把吃苦当苦，能泰然处之，遇到挫折也能积极进取。怕吃苦，不但难以养成积极进取的精神，反而会采取逃避的态度，这样的人当然也就很难成功了。

家 风 故 事

刻苦自励的苏秦

苏秦（公元前337—公元前284），字季子，战国时期韩国人，是与张仪齐名的纵横家。可谓"一怒而天下惧，安居而天下息"。

苏秦虽出身寒门，却少有大志。据传他随鬼谷子学游说术多年，后见同窗庞涓、孙膑相继下山求取功名，也和张仪告辞鬼谷子下山。苏秦很想有所作为，曾求见周天子，但却没有人引荐。他无奈之下不得不到别的诸侯国寻找出路。他东奔西跑了好几年，什么事情也没有做成。后来钱用光了，衣服也穿破了，苏秦只好背着行囊回家。

家里人看到苏秦穿着烂得不成样子的草鞋，挑着一副破担子，显得那样的落魄和狼狈。父母火冒三丈，张口就骂他是一个败家子。他的妻子坐在织布机上织帛，连看也没看他一眼。他饥肠辘辘，求嫂子给他做饭吃，嫂子白了他一眼转身就走开了。苏秦不觉泪如雨下，叹息说："贫贱如此，全家人都不认我，全是我的过错无能呀！"连家人都这样对待自己，更不用说邻居们了，苏秦受了很大刺激，决心要争回这一口气。

从此以后，苏秦发愤苦读，钻研师父赠送的"周书阴符"，每天都读到深夜。有时候读到半夜，又累又困，眼睛都睁不开了，他就用锥子扎自己的大腿，虽然很疼，但精神却来了，他就接着读下去。有时他又就把头发用绳扎起来，悬在梁上，自己一打盹，头发就把自己揪醒。这就是成语"头悬梁，锥刺股"的来历。他这样边读书边揣摩列国形势，一年后，对

第六章 勤劳美德：民生在勤则不匮

天下大势便了然心中。

在有所收获后，苏秦就重新打理行装出游了，他发誓一定要开创一番事业才回来。他先到秦国，没有人理睬。这时正好遇见燕昭王广招天下贤士，苏秦就慕名前往燕国。燕昭王与他交谈后，深深被他的满腹学问和雄辩的口才征服了，因此特别信任他。苏秦认为，燕国要想报强齐之仇，必须先向齐国表示屈服顺从，将复仇的愿望伪装起来，这样才能赢得振兴燕国所需要的时间。其次，要鼓动齐国不断进攻其他国家，以防止齐国攻燕，并消耗其国力。为此，苏秦劝说齐王攻打宋国。

公元前 285 年，苏秦到齐国，利用自己的口才挑拨齐赵关系，从而取得齐湣王的信任，被任为齐国宰相。但他暗地却仍在为燕国谋划。齐湣王蒙在鼓里不明真相，依然任命苏秦率兵攻打燕军。齐燕之军交战时，苏秦有意使齐军失败，导致五万人死亡。他还使齐国群臣不和、百姓离心，为乐毅五国联军攻破齐国奠定了基础。之后，苏秦又说服赵国联合韩、魏、齐、楚、燕攻打秦，赵国国君很高兴，赏给苏秦很多宝物。苏秦得到赵国的帮助，又到韩国，游说韩宣王；再到魏国，游说魏襄王；接着去齐国，游说齐宣王；又赶到楚国，游说楚威王。各个诸侯都赞成苏秦的计划，于是六国达成联合的盟约，苏秦为纵约长，并任六国的宰相。回到赵国后，赵王又封他为武安君。秦王知道这个消息后大吃一惊，非常害怕。此后十五年，秦兵不敢图谋向函谷关内进攻。

苏秦靠自己的努力终于实现了当初成就一番事业的誓言，他因此也成为战国时期最著名的纵横家。

苏秦发愤刺股，在艰苦条件下，排除万难，刻苦向学，最终成为战国纵横家的杰出代表。当然，苏秦难免有追求功名利禄和光宗耀祖的思想，但他求知的渴望和刻苦的精神，仍能给我们以有益的启迪和激励。

任劳任怨以树德

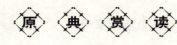 原 典 赏 读

【原文】

公父文伯退朝，朝其母，其母方绩。文伯曰："以歜之家而主犹绩，惧干季孙之怨也，其以歜为不能事主乎！"其母叹曰："鲁其亡乎！使僮子备官而未之闻耶？居，吾语女。昔圣王之处民也，择瘠土而处之，劳其民而用之，故长王天下。夫民劳则思，思则善心生；逸则淫，淫则忘善，忘善则恶心生。沃土之民不材，淫也；瘠土之民莫不向义，劳也。……今我，寡也，尔又在下位，朝夕处事，犹恐忘先人之业。况有怠惰，其何以避辟！吾冀而朝夕修我曰：'必无废先人。'尔今日：'胡不自安。'以是承君之官，余惧穆伯之绝祀也。"

仲尼闻之曰："弟子志之，季氏之妇不淫矣。"

——《国语·敬姜论劳逸》

【译文】

公父文伯退朝回家，问候他的母亲，他的母亲正在析麻搓线。文伯说："有我这样的家庭，而您还缉麻，只怕触怒季孙，也许认为我不能很好侍奉您吧！"他的母亲叹息说："鲁国大概将要灭亡吧！让稚童做官，没有听说过大道理吧？坐下来，我告诉你。以前圣王安顿百姓，选择贫瘠的土地让他们居住，使他们劳作，所以能长久地拥有天下。百姓不停劳作就会忧思，忧思就会产生向善之心；安逸就会放纵，放纵就会失去向善之心，

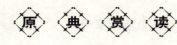

失去向善之心就会产生邪恶之心。在肥沃土地上生活的人不成材，是因为淫逸；在贫瘠土地上生活的人没有谁不向义，是因为勤劳。……现在，我是寡妇，你又在下位，就是早晚料理政事，还担心忘了先人的事业。如果懈怠懒惰，将凭什么避免罪过呢！我盼望你早晚儆戒我说：'一定不要废弃先人。'你今天却说：'为什么不让自己安闲。'用这种思想承当国君给予的官职，我害怕你父亲穆伯后继无人啊！"

孔子听说这件事后说："弟子记住，季氏家的妇人不淫逸啊。"

立 德 之 道

任劳任怨是中华民族的一种传统美德，也是社会主义和共产主义道德的一种优良品质。

任劳任怨作为传统美德，主要表现为热爱劳动，肯于承受劳苦，埋头苦干，不怕任何埋怨，始终坚持如一。在历史上，我国劳动人民，特别是劳动妇女，表现了任劳任怨的美德。

从严格的意义上说，任劳任怨是一种非常可贵的品德。在现实生活中，并不是所有的人都能做到任劳任怨。焦裕禄是任劳任怨的典范。他在兰考任职期间，几乎走遍了全县大小村队。他在风雨交加的夜晚亲自去视察灾情，又在大雪封门的早晨，迎着风雪深入农户看望群众。当他被误解而受到批评时，毫无怨言，反而更加努力工作。应该说，焦裕禄所表现出来的任劳任怨的美德，已经达到了较高的境界。

家 风 故 事

愚公精神

愚公是中国寓言故事《愚公移山》里的主人公，亦常用以比喻做事有顽强毅力、不怕困难的人。

《愚公移山》出自《列子·汤问》。故事叙述了一个叫愚公的老人不畏艰难、坚持不懈，挖山不止，最终感动天帝而将山挪走的故事。

太行、王屋两座山方圆700里，高万丈，本来在冀州南边，黄河北岸的北边。北山下面有个名叫愚公的老人，年纪快90岁了，住在大山的正对面。由于北边的大山挡路，出来进去都要绕道，他感到很苦恼，就召集全家人商议说："我跟你们尽一切力量把这两座大山挖平，使道路一直通到豫州南部，到达汉水南岸，好吗？"大家纷纷表示赞同。他的妻子提出疑问说："凭你的力气，连魁父这座小山也难挖平，能把太行、王屋两座山怎么样呢？再说，挖下来的土和石头往哪儿搁？"众人说："把它扔到渤海的边上，隐土的北边。"于是愚公率领儿孙中能挑担子的几个人上了山，凿石头，挖土块，用畚箕运到渤海边上，需要的时间很长，一年才能往返一次，邻居京城氏的寡妇有个孤儿，刚七八岁，也蹦蹦跳跳地去帮助他。

河曲智叟讥笑愚公，阻止他干这件事，说："你简直太愚蠢了！就凭你在世上这最后的几年，剩下这么点力气，连山上的一棵草也动不了，又能把土块石头怎么样呢？"北山愚公长叹一声，说："你的心真顽固，顽固得没法开窍，连孤儿寡妇都比不上。即使我死了，还有儿子在呀；儿子又生孙子，孙子又生儿子；儿子又有儿子，儿子又有孙子；子子孙孙无穷无尽，可是山却不会增高加大，还怕挖不平吗？"河曲智叟无话可答。

山神听说了这件事，怕他没完没了地挖下去，向天帝报告了这件事。天帝被愚公的诚心所感动，命令大力神夸娥氏的两个儿子背走了那两座山，一座放在朔方的东部，一座放在雍州的南部，从这时开始，冀州的南部直到汉水南岸，再也没有高山阻隔了。

愚公移山的故事告诉人们，无论什么困难的事情，只要有恒心、有毅力做下去，就有可能成功。愚公移山的精神也成了中华民族任劳任怨精神的象征。

热爱劳动最光荣

【原文】

　　古人欲知稼穑之艰难，斯盖贵谷务本之道也。夫食为民天，民非食不生矣，三日不粒，父子不能相存。耕种之，莳锄之，刈获之，载积之，打拂之，簸扬之，凡几涉手而入仓廪，安可轻农事而贵末业哉？江南朝士，因晋中兴，南渡江，卒为羁旅，至今八九世，未有力田，悉资俸禄而食耳。假令有者，皆信僮仆为之，未尝目观起一拨墣土，耘一株苗；不知几月当下，几月当收，安识世间余务乎？故治官则不了，营家则不办，皆优闲之过也。

　　　　　　　　　　　　　　——颜之推《稼穑艰难》

【译文】

　　古人要求懂得农业劳动的艰难，这是珍惜粮食重视农业的思想。吃饭是人最基本的生理需求，人不吃饭就无法生存。三天不吃饭，即使是父子之亲，也无法互相慰问。种植粮食，要耕地、播种、薅草、耘锄、收割、运输、碾打、簸扬，不知经过多少人的辛勤劳动，才能收入仓库，怎么能轻视农业而崇尚商贩这种末等行业呢？江南的士大夫们，都是西晋灭亡，东晋在南方中兴后，渡过长江而客居江南的。至今已八九代人了，没有亲自从事农业生产的人，全都凭借俸禄维持生活。即使有经营田产的，也都依靠长工、家僮去耕种，从来没有哪一个曾经眼看着翻起一块土、锄一株苗的。不知道什么时间应该下种，什么时间应该收割，怎么能懂得人世间其他的事务呢？这样的人，让他去做官，就会不明事理，无法了断官司；让他去管理家业，就会不知经营。

立德之道

热爱劳动主要表现在对劳动怀有深厚的感情，明白劳动的意义，对于参加劳动有很高的自觉性，在劳动中发挥主动性和创造精神，严格遵守劳动纪律，并养成劳动的习惯。

劳动是人类有意识、有目的的生产活动，是人类区别于其他动物的重要标志。劳动是人类社会赖以生存和发展的基础。人类社会的一切物质财富和精神财富，无一不是劳动创造的。没有劳动，人类就不能生存，社会就不能发展。劳动不仅改变着人与自然的关系，而且也深刻地影响着人类社会生活，形成人们之间的道德关系，使人们对劳动的态度具有道德意义。

在社会主义条件下，热爱劳动是社会主义道德的重要规范，也是社会主义道德的重要特征之一。热爱劳动作为社会主义道德的重要规范和优良道德品质，基本要求集中表现在以下方面。

第一，树立劳动光荣的思想。在社会主义社会里，劳动只有分工不同，没有高低贵贱之分。各种不同形式的劳动，不论是体力劳动还是脑力劳动，简单劳动还是复杂劳动，都是光荣的，受人尊敬的。因此，要积极参加劳动。

第二，以主人翁的责任感，参加社会主义建设的劳动，提高劳动生产率。我们必须以祖国建设为己任，充分发挥社会主义劳动的积极性和创造性，为社会创造更多、更好的物质财富和精神财富。

第三，自觉遵守劳动纪律。在社会主义制度下，劳动纪律是保证生产顺利进行的一个重要的基本条件，也是保证劳动者生命安全及其家庭幸福的重要方面。

第四，树立共产主义劳动态度。在贯彻按劳分配原则的同时，提倡为社会主义多做贡献，发扬勤勤恳恳、不计定额、不计报酬、忘我劳动的精神。大力提倡社会主义协作，开展社会主义劳动竞赛。学习别人的先进经验，推广和使用先进技术。

家风故事

千两黄金的去处

有一个青年，20 岁的时候，因为没有饭吃而饿死了。

阎王从生死簿上查出，这个青年应该有 60 岁的阳寿，他一生会有一千两黄金的福报，不应该这么年轻就饿死。

阎王心想："会不会是财神把这笔钱贪污掉了呢？"于是把财神叫过来查问。

财神说："我看这个人命里的文才不错，如果写文章一定会发达，所以把一千两黄金交给了文曲星。"

阎王又把文曲星叫来问。

文曲星说："这个人虽然有文才，但是生性好动，恐怕不能在文章上发展，我看他武略也不错，如果走武行会较有前途，就把一千两黄金交给了武曲星。"

阎王再把武曲星叫来问。

武曲星说："这个人虽然文才武略都不错，却非常懒惰，我怕不论从文从武都不容易送给他一千两黄金，只好把黄金交给了土地公。"

阎王再把土地公叫来问。

土地公说："这个人实在太懒了，我怕他拿不到黄金，所以把黄金埋在他父亲从前耕种的田地里，从家门口出来，如果他肯挖一锄头就挖到黄金了。可惜，他的父亲去世后，他从来没有动过锄头，就那样活活饿死了。"

最后，阎王判了"活该"，然后把一千两黄金缴库。

第七章

节俭品德：节俭养德大修养

"俭，德之共也；侈，恶之大也。"古往今来，节俭一直被人们视为治国之道、兴业之基、持家之宝，并加以大力提倡。节俭可以养德，而奢侈浪费往往会招致祸端，节俭是一种修养，是一种美德，更是成功的要素。

勤俭节约是大德

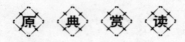

【原文】

俭以养德。

——《诫子书》

【译文】

有道德修养的人，以俭朴节约来培养自己高尚的品德。

立 德 之 道

勤俭是一种美德，是中华民族的优良传统。小到一个人，大到一个国家，要生存和发展，都离不开它，所谓"静以修身，俭以养德"。勤俭的美德犹如甘霖，能让贫穷的土地盛开富贵之花，并能结下智慧之果。

世界上的任何财富，都是心血和汗水创造的。珍惜创造的成果，是对劳动的尊重、对创造的尊重和对劳动者的尊重。这种创造的成果积累得越多，社会就越发展、越进步、越文明。在这个意义上说，节流（俭）和开源（勤）都是社会进步所必不可少的。勤俭之所以是一种品格、一种精神，原因就在这里。

节俭不但是一种美德，更可以积累财富，从而为事业成功奠定物质基础。勤俭是建立在"勤"与"俭"的结合上。只有勤奋才能创造劳动成果，只有节约才能守住劳动成果，两者相加，劳动者创造的成果才会越累越多，社会才能发展进步。反之，就会物质贫乏，文明倒退。"历览前贤国与家，成由勤俭败由奢。"历史上多少人，贫困时勤俭节约，奋发有为，终成大事，又有多少人富贵时骄奢淫逸、声色犬马，使千万家财、百年基业毁于一旦。历史上无数教训告诫我们，即使国家再强大，生活再富有，勤俭节约的美德也必须保持。

家风故事

季文子节俭立身

季文子出身于鲁国的贵族世家，但是他却能够克勤克俭，以节俭立身。他不仅自己生活俭朴，衣着朴素，马车简单，而且要求家人勤俭节约。

很多人都不理解他的这种行为，有人便劝他说："您身为上卿，德高望重，但您在家里不准妻妾穿丝绸衣服，也不用粮食喂马。您自己也不注重容貌服饰，这样不是显得太寒酸，让别国的人笑话您吗？这样做也有损于我们国家的体面，人家会说鲁国的上卿过的是一种什么样的日子啊。您为什么不改变一下这种生活方式呢？这于己于国都有好处，何乐而不为呢？"

季文子听完后答："我也希望把家里布置得豪华典雅，但是看看我们国家的百姓，还有许多人吃着粗糙得难以下咽的食物，穿着破旧不堪的衣服，还有人正在受冻挨饿。想到这些，我怎能忍心去为自己添置家产呢？如果平民百姓都粗茶敝衣，而我却装扮妻妾、精养粮马，这哪里还有为官的良心？况且，我听说一个国家的富强，只能通过臣民的高洁品行表现出来，并不是以他们拥有美艳的妻妾和良骥骏马来评定的。既然如此，我又怎能接受你的建议呢？"听完这一番话，那人羞愧不已，内心对季文子愈发敬重起来，于是，也仿效季文子勤俭节约。

静以修身，俭以养德。人们看到季文子外在的节俭，钦佩他内在的德性。从小处来说，节俭是一种将心比心的善良，是一种尊重他人的表现。古人云：一饭一粥，当思来之不易；半丝半缕，恒念物力维艰。我们的衣食住行很大程度上都来自于他人的劳动成果，人们对他人劳动成果的尊重

第七章 节俭品德：节俭养德大修养

也是对他人价值的肯定。从大处说，勤俭对于大事业的成就也是十分关键的，"历览前贤国与家，成由勤俭败由奢"说的正是这个道理。不管是从立德来讲，还是从立业着眼，勤俭无小事。

崇尚节俭人人爱

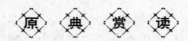

【原文】

奢者富而不足，何如俭者贫而有余？

——《菜根谭》

【译文】

生活奢侈的人即使拥有再多的财富也不会感到满足，哪里比得上那些虽然贫穷却因为节俭而有富余的人呢？

立 德 之 道

节俭美德自古就为圣贤所提倡，"恭俭谦约，所以自守"讲的就是勤俭节约是完善品格、保持操守的必要条件。老子曾说："吾有三宝：一曰慈，二曰俭，三曰不敢为天下先。"意思是："我有三件法宝，第一件是慈爱；第二件是节俭；第三件是不敢居于天下人的前面。"其中"节俭"是老子的"三宝"之一。另外历史上的很多明君也都是提倡节俭的人。比如历史上最著名的汉文帝，一生节俭，从不敢铺张浪费。正是从他开始才缔造了"文景之治"，为后来的汉武大帝创造了丰富的物质基础，奠定了百姓安居乐业的天下局面，因此历史上说"德莫高于汉文"。

节约是穷人的财富，富人的智慧，一点也不错。世上所有财富的起点都是节俭。而节俭并不复杂，它所需的只是随手关紧水龙头的细心、转身关掉灯的小节，一点一滴之中节俭的美德渐成。

养成节俭的良好习惯对一个人来说，是非常重要的，无论是好日子还是苦日子，都把节俭进行到底。因为，世界上没有用之不竭的资源，一个人也不可能有取之不尽的财富。我们已经不再经历粮食短缺、生活紧俏的日子，但是如果因为没有经历过或者认为以后也不会经历，就不珍惜眼前拥有的，那么这样的人是可悲的。

其实，财富不过是人生的辅助工具，它可以帮助我们营造有品位、有质量的生活，但是不能在挥霍财富和品质生活之间画等号。因为品质生活不仅体现在物质层面，它还必须蕴含着丰富的精神活动，如果生活偏财富而废精神，那么一个人越是奢侈就越会显得没有品位。所以我们生活的最高境界不是无限的财富，而是"贫而有余，逸而全真"的生活和精神境界。

家风故事

寇准身居高位守俭朴

寇准是我国北宋时期著名的政治家。他的一生，对国家、对人民忠心耿耿、鞠躬尽瘁。几百年过去了，他的事迹仍旧为一代又一代的人们所传诵。

寇准出生在一个进士的家庭里。他的父亲寇相，是一个博学多才的人，文章写得很好，年纪轻轻就中了进士。不幸的是，在寇准生下来以后不久，寇相就因病去世，留下了寇准和他母亲过着艰苦的日子。

寇准的母亲是一个有知识、有修养的女性。丈夫去世之后，家里生活非常拮据，她把从牙缝里挤出来的那点钱用来供寇准上学。

逢到过年，母亲想给寇准做一套衣服和被子，却连买绢的钱也凑不齐。她就把自己的旧衣服拆了，给孩子缝了一套整洁的小衣服。寇准在母亲的影响下，从小就养成了节俭的习惯，为此读书也非常刻苦、用功。

有一回，寇准的一个舅舅来看望他们母子俩。舅舅看到小寇准由于营

第七章 节俭品德：节俭养德大修养

养不良面黄肌瘦，非常心疼他，就带他到集市上给他买了好多点心和糖果。寇准只吃下一块点心，舔了舔舌头，就不吃了。

舅舅见了非常奇怪，就问他："孩子，你不爱吃点心吗？"

"爱吃。"寇准小声回答道。

"既然爱吃，怎么不多吃点？舅舅买来就是给你吃的呀！"

寇准抬起头，看着舅舅说："我要留下来和母亲一起慢慢吃。母亲说，小孩子一定要养成勤俭节约的好习惯。"

舅舅听了，爱抚地摸了摸寇准的小脑袋瓜，感动地说："真是个好孩子！"

由于寇准勤奋好学，19岁便中了进士。从此以后，他走上了做官的道路。

后来，寇准凭着自己杰出的政治才能，官做得越来越大，俸禄也越来越高，家里的经济条件也一天比一天好。可惜的是，他的母亲却去世了。寇准为了表示对母亲的悼念，每次发了俸禄，都把俸禄供在案桌上。

随着供在案桌上的俸禄越来越多，寇准在生活上开始渐渐地讲究起来了。有一次，寇准看着案桌上堆着那么多俸禄，扬扬自得地笑了起来，恰巧被家里的老女仆看见，她走过来说："老爷是否还记得，当初老太太去世，入殓的时候，连做一套绢寿衣的钱也没有。如果老太太地下有知，您现在拿绢做帷子使，该不知有多心疼呢！"

寇准经老女仆这一提醒，才猛然意识到自己的生活已经不自觉地奢华起来了，联想到过去母子相依为命的贫苦节俭的日子，又惭愧又后悔。他马上把案桌上的俸禄收起来，叫手下人拿去接济那些穷困的老百姓。

从此以后，寇准终生不积蓄钱财。凡有多余的钱财，他都用来接济周围那些穷苦的人。

北宋时期，有达官贵人们在家里收养歌伎的风气。每逢有宾客或宴会的时候，就让歌伎们在客厅中间载歌载舞。而且谁官越大、钱越多，家里养的歌伎也就越多、越漂亮。寇准当时任盐铁判官、参知政事等，相当于副宰相的官职，可是他家里连一个歌伎都没有。

寇准节俭爱民的名声传播很远。当时有一个名叫魏野的诗人非常有才华，可是家里非常贫寒，经常是吃了上顿没下顿的。他听人说寇准乐善好施、爱帮助人，就不远千里来投奔寇准。

寇准热情地接待了他，由于赏识他的才华，就让魏野在家里住下来。

魏野在寇准家里住了半个月后，发现寇准的俭朴名不虚传。平日在家里不会宾客时，寇准总是穿着一件旧得褪色的布袍，一点儿也没有当大官的架子。寇准的家眷和手下人穿着打扮也是非常朴素。除了有宴会或宾客外，寇准家里没人穿艳丽的衣服。

一天，魏野看见寇准家里的一位女仆在埋头补一顶又破又旧的青罗帐，心中非常好奇，就走过去问她："这罗帐这么破旧，一定是用了好多年了吧？"

女仆答道："已经用了 25 年了。"

"用了 25 年，还补它干什么？不如买一顶新的，补起来又不好看又费工夫。"魏野说。

"哦，这可不行，我们老爷还要用哩！"女仆看了一眼魏野，又继续埋头补起来。

"啊！这难道是你们老爷自己用的罗帐？"魏野不由大吃一惊。

"是呀，这有什么奇怪的。"女仆不以为然地回答。

经过这一件事，魏野真正地被寇准身居高位而不忘俭朴的精神感动了。他情不自禁地写下一首发自肺腑的诗送给寇准，表达了自己对寇准深深的敬意。诗中有这样两句："有官居鼎鼎，无宅起楼台。"意思是说，您虽然做了宰相，却没有能盖起亭台楼阁。

开源节流富国民

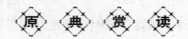

【原文】

财不足则反之时，食不足则反之用。故先民以时生财，固本而用财，则财足。

——《墨子》

【译文】

财用不足的时候，就要反思是否抓紧了农时进行生产，粮食不足的时候就要反思是否注意了节用。因此，古代的贤人按农时生产、积累财富，搞好农业基础，节省开支，财用自然就会充足。

立德之道

墨子在这里阐明了他重要的经济思想，即如何搞好发展生产的主张。墨子提出，既要"节流"，更要"开源"，实施"双管齐下"的措施才能真正有效地增加社会财富。

"节流"就是主张节约，反对统治者的浮华、堕落与奢侈的行为，因为他们的这种行为造成了百姓衣食和国家财富的浪费。"天育物有时，地生财有限。"节俭是长久国策，不是权宜之计。节俭，不仅仅是对人、财、物的节省或限制使用，而且包含了如何使用才能更加合理、恰当和高效。地球上的资源在总量上是有限的，所以，无论是发达还是落后、富裕还是贫穷，都需要厉行节俭。

"开源"就是从根本上创造社会财富的问题，即要"以时生财"，当财用不足的时候，就要遵循农时积极地发展生产。古老的中华民族，节俭理念深入人心，节俭之风代代相传。

南朝勤俭开国

刘宋的第三代帝王叫刘义隆，是个很有作为的君主，他个人生活也极为俭朴。有一次，管车辆的官吏因为辇车的竹篷旧了，要换辇篷，并要求把辇席的乌皮改为紫皮，都未得到他的允许。刘义隆认为，辇篷虽旧，但还能用，没有必要更换；紫色比乌色贵，也没有必要改。他的皇后袁氏家里寒微，经常向他要钱要东西接济家用，他每次都要考虑几天，最后才批给几万钱，几十匹布。

刘义隆的生活可谓俭朴，用具可谓简陋。然而，宋宫中还有更为简陋的东西。

刘义隆即位后曾参观父亲刘裕的旧宫，发现里面珍藏着耨耜等旧农具。刘义隆从小生长在深宫内院，没有见过这些东西，就询问这些东西是什么，左右告诉他，这是先帝（即刘裕）年轻时当农夫所用的农具。原来，这是刘裕当了皇帝后，专门命人从老家找来，珍藏在宫里，留下来教育子孙的。刘裕的目的是要告诉子孙：江山来之不易，切勿奢侈淫逸。

历来的帝王，都希望宫中财帛越多越好，一来可供自己享用，二来可任意赏赐皇亲国戚或臣下。但刘裕立下规矩，财帛都归入外面府库，一律不许入宫。公主出嫁时，遣送不过二十万钱，而且不许置办锦绣金玉。刘裕本人装束更为简朴，日常穿一双连齿木拖鞋。他喜欢步行出神武门左右逍遥，每次只带十几个随从。由于刘裕的提倡和以身作则，当时朝廷上下无不节俭，皇子们每天问起居，也只穿家常衣帽，而不穿礼服。

177

第七章 节俭品德：节俭养德大修养

珍惜粮食爱成果

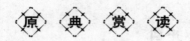

【原文】

稻梁菽，麦黍稷。此六谷，人所食。

——《三字经》

【译文】

稻米、高粱、黄豆、麦、小米、稷这六种谷物是人类所食用的主食。

立德之道

六谷是农民伯伯用辛勤的汗水换来的。农民伯伯种植粮食，从种到收要用一年的时间，等到收割之后，还要经过加工，加工出来的产品才会出现在货架上进行买卖，这是许多人共同的劳动换来的。如果我们不知道珍惜他们的劳动成果，就是对他们的不尊敬。

家风故事

六谷起源的传说

神农氏就是炎帝，是我们国家农业的创始人。神农氏发明了许许多多的农业生产工具和生活用品。

在他生活的原始社会，人们靠狩猎为生，主要的食物就是野兽的肉。可是，随着人口的一天天增加和野兽的一天天减少，神农氏开始担心了，等到有一天没有野兽了，人们吃什么呢？所以他就开始努力地寻找能代替兽肉的食物。

在寻找的过程中，他发现了许多植物的种子是可以吃的。于是他就在土地上播种下这些种子，不停地试验。最后，他发现谷物年年可以种植，年年可以收获；于是，他就从中选出了粱、菽、麦、黍、稷这五种最容易成熟、味道也好的谷物，教人们大面积地种植。后来，"五谷"就代替兽肉，成为了人们的主要粮食。

五谷里面，不包括稻，关于稻谷的来历，在我国古代有这样一个传说。

很久很久以前，发生了水灾，食物匮乏，人类和野兽抢食吃，可是人类根本抢不过野兽，快要饿死了。

天上的神仙看到人类可怜的样子，非常同情，就聚到一起商量怎么样帮助人类。这时，神农氏说："教人类种稻谷吧，只要人类勤劳地种植，每年都能有收获，这样就不用跟野兽去抢食物了。"大家都很赞成他的想法。

这时伏羲说："那我们就再给人类派些助手去帮助他们的生活吧。"于是大家商定派马、牛、羊、鸡、狗、猪这六种动物到人间去。

可是大家遇到了一个难题，从天神所在的地方到人间去，需要经过一片汪洋大海，而稻米是密密麻麻地长在一根稻秆上的，成熟以后的稻谷一不小心就会从稻秆上脱落下来。所以如果想把稻谷带到人间去，只能把稻谷从稻秆上剥落以后，粘在谁的身上送过去；可是，如果粘在身上，又怎么越过大海呢？天神们想不出更好的办法，于是就问那六种动物，谁愿意做这项艰苦的工作。

牛说："我个子大，只会用力气，这小心的活儿我可干不了，还是让马来吧。"

马一听赶紧说："我这身上滑，根本粘不住稻谷，还是鸡的毛多，让它来吧。"

鸡听了很不高兴地说："我可不行，我这么小，能带几粒米？再说，我的毛爱掉，不是连稻米也要掉了吗？"

听了它们三个的话，猪和羊都找了个理由，说自己做不了这件事。

轮到狗说话了，狗本来也不想做，可一想到人类的痛苦，它的心就软了下来，于是它说："那就我来吧，人类太需要帮助了。"

天神们很高兴。于是赶快着手，把狗的身上沾满了稻谷，临送动物们出发前，天神们严肃地对狗说："你一定要小心，尽量不要让稻谷落下去，因为你身上剩下多少稻谷，以后人类种出的稻秆上就会结多少谷子，一定要尽量保住这些稻谷。"

动物们出发了，它们努力地向人间游。狗本来是游泳高手，可是它得小心着身上的稻谷，所以根本没有办法全心全力地游泳。这时，一个大浪打来，把狗身上的稻谷冲走了大半，狗急得大叫了一声。

由于记着天神说的话，在剩下的路程里，狗更加小心了。它把身体高高地拱起来，慢慢地向前游。可是，海浪一个比一个大，很快就将它身上的稻谷全都冲走了。只有它高高翘起的尾巴上的稻谷还没有被冲走。狗想："为了人类，我一定得保住这最后的稻谷。"于是它一边游，一边把尾巴伸得又高又直，不让海浪打到，狗被累得伸出红红的舌头，上气不接下气。可是，即使再累，它还是坚持着。

狗终于游到了岸边，这时，其他的同伴已经等了它很久了，累得头昏眼花的狗用尽了力气上了岸，把尾巴顶端仅剩的谷粒交给了人类。

由于狗的行为，它成了人类最忠实的朋友，人们常常喂他吃稻米饭，而其他的动物可就吃不上了。

这是一个有关稻谷和家畜到达人间的传说。在中国，真正开始稻谷种植是在唐朝，那个时候，有人从南方古城国引进了水稻，并在唐朝大地上种植成功，于是稻米也成为人们的主食，与神农时代发现的五谷一起，被人们称为"六谷"。

这就是"六谷"的来历。一直到今天，我们所吃的主要食物还是这六谷。

奢侈浪费不可取

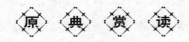
【原文】

人生衣趣以覆寒露，食趣以塞饥乏耳。形骸之内，尚不得奢靡，己身之外，而欲穷骄泰邪？

——《颜氏家训》

【译文】

人们穿衣服的目的是为了遮盖身体以避免寒冷，吃东西的目的在于填饱肚子以免饥饿乏力而已。形体之内，尚且无从奢侈浪费，自身之外，还要极尽骄奢放肆吗？

立 德 之 道

颜之推要求子孙后代限制欲望，勤俭生活。生活上要向低于自己的看齐，思想上要向高于自己的看齐。因为，生活上吃穿住行，尽量简朴的好，否则对物质的欲望是无限的，如果达不到所想的目标，人很容易陷入到痛苦之中。思想上却不同，追求精神上的愉悦，人的心境就会开阔，不会局限于眼前的蝇头小利，而是会放开思想的翅膀，在知识的海洋中遨游。这样的人生才更有境界，更圆满。

秦始皇即位不久，便开始派人设计建造秦始皇陵。在统一六国之后，旋即修建豪华的阿房宫，最多时用工七十二万人。有宫殿就要有美女，在灭六国时，他就把所有各国的美女都掳掠来放在所建造的宫殿之中。宫女总人数，据《三辅旧事》记载："后宫列女万余人，气上冲于天。"为求长生不老之药，又派涂福率童男童女数千人至东海求神仙等，耗费了巨大的财力和人力，加深了人民的苦难。也因此，当时被榨干了血汗的老百姓，都诅咒秦始皇不得好死。这难道不是秦始皇极尽骄傲放肆所导致的吗？

君王尚且如此，更何况是普通的老百姓呢？岳飞有一句流传近千年的名言："文臣不爱钱，武臣不惜死，天下太平矣。"在宋代社会，官场中充溢着崇文抑武的习气，武将被指为粗人。武将能讲出如此一针见血、言简意赅的名言，已属极为不易，更何况是身体力行。他担任高官之后，收入自然颇高，却一直过着相当简朴的生活。妻李氏有一次穿丝织品，岳飞就一定要她更换为低档的麻衣。他的私财收入是十分丰厚的，却经常化私为公，以私财补贴军用。有一次，以宅库中的物品变卖，造成弓两千张。他遇害后抄家，家中根本没有金玉珠宝，贵重物只有三千余匹麻布和丝绢，五千余斛米麦，显然还是准备贴补军用的。

家风故事

荀息劝晋灵公

在春秋时期的晋国，晋灵公即位不久便大兴土木，修筑宫室楼台，以供自己和嫔妃们享乐游玩。那一年，他挖空心思，想要建造一个九层的楼台。可以想见，在当时那种科学水平、建筑材料、建筑技术等条件下，如此宏大复杂的工程，要耗费多少人力物力！晋灵公不顾一切，征用了大量民夫，花费了巨额的钱财，持续了几年也没能完工。全国上上下下，无不怨声载道，但都敢怒而不敢言，因为晋灵公明令宣布："有谁敢提批评意见、劝阻修造九层之台的，处死不赦！"

一天，大夫荀息求见。晋灵公料他是来劝谏的，便拉开弓，搭上箭，想到只要荀息开口劝说，就要射死荀息。谁知荀息进来后，像是没看见他这架势一样，非常轻松自然，笑嘻嘻地对晋灵公说："我今天特地来表演一套绝技给您看，让主公开开眼界，散散心。国君感兴趣吗？"晋灵公一看有玩的，就精神了，忙问："什么绝技？别卖关子了，快表演给我看看。"

荀息见灵公上钩了，便说："我可以把 12 个棋子一个个叠起来以后，再在上面加放 9 个鸡蛋。不信，请看。"说着，便真的玩起来。他一个一个地把 12 个棋子叠好后，再往上加鸡蛋时，旁边的人都非常紧张地看着他。灵公禁不住大声说："这太危险了！这太危险了！"荀息一听晋灵公这样说，便趁机进言，说："大王，别少见多怪了，还有比这更危险的呢！"

晋灵公觉得奇怪，因为对他来说，这样子已经够刺激、够危险的了，还会有什么更惊险的绝招呢？便迫不及待地说："是吗？快让我看看！"

这时，只听荀息说道："九层之台造了三年，还没有完工。三年来，男人不能在田里耕种，女人不能在家里纺织，都在这里搬木头，运石块。国库的金子也快花完了，兵士得不到给养，武器没有金属铸造，邻国正在计划乘机侵略我们。这样下去，国家很快就会灭亡。到那时，大王您将怎么办呢？这难道不比垒鸡蛋更危险吗？"

晋灵公一听，猛然醒悟，意识到了自己多么荒唐，犯了多么严重的错误，便立即下令，停止筑台。

控制心中的欲望

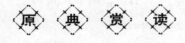

【原文】

欲无止也，其心堪制。

——《止学》

【译文】

欲望是没有止境的，思想可以制伏它。

立 德 之 道

正确的人生观主宰着人生的方向和命运，它是战胜人性弱点、克服心理障碍的灵丹妙药。人的欲望无穷无尽，如果任其泛滥膨胀，人类社会就毫无秩序可言，其个人也只能多行不法，自取灭亡。在思想上加强"止"的认识和修养是必要的，作为一种人生境界和哲学高度，"止"的层面深合世理，博大精深，韵味无穷，是无数贤人能者所极力追求的目标，其益处自不待言。

家 风 故 事

散尽家财的范蠡

越王勾践的大臣范蠡，辅佐勾践二十多年，灭掉吴国后却上疏请辞，他对勾践说："过去大王受辱，臣不敢言退。今日大仇已报，臣不敢居功享乐。"

勾践十分不解，劝他说："你遍历辛苦，难道不想有快乐的一天吗？现在你功高职尊，无所忧患，正是尽享富贵的时候，为何轻言放弃呢？"

范蠡搪塞掩饰，不肯正面回答，他只对家人说："盛名之下，其实难久；人不知止，其祸必生。勾践可与共患难，难与同安乐，这样的君主岂能轻信？"

他的家人不想逃难，也不相信范蠡的判断，他们说："以你的功劳和与大王的交情，还有什么可担心的？富贵得来不易，眼下正是再进一步的时候，机不可失啊。"

范蠡长叹说："人的一念之差，往往决定着一生的生死福祉。若为贪念所系，不加约束，祸发之日再想收手，就悔之不及了。何况远离官场，无争无斗，自得其乐，这才是真正的人生归宿，又有什么不好呢？"

于是他不辞而别，带着家人从海路逃到齐国，改名换姓，自称鸱夷子皮，在海边耕田，再创家业。

范蠡头脑聪明无比，他经营有方，加之苦心不懈，不长时间，他就积累了数十万家产，富甲一方。齐王听说了他的才能，深以为奇，便任他为相。面对这突如其来的殊荣，范蠡的想法却出乎所有人的预料，他忧心地说："治家能积累千金，居官能升至将相，这是平民百姓所能达到的最高位置了。至此若不思退，不用理智制止放纵之念，凶险马上就会降临，再不会有什么好事了。"

任齐相三年后，范蠡退回了相印，又决定散尽家财远走，他的家人苦劝不止，说："有官不做，我们无话可说，可散尽家财就不可理喻了。此乃我们辛劳所得，不贪不占，为何要白白送给别人呢？"

范蠡开口说："官高招怨，财多招忌，这都是惹祸的根苗。人贫我富，人无我有，若只取不施，恃富不仁，财多就无好处可言了，何不放弃呢？"

他把家财分给好友和乡亲，自带最珍贵的宝物来到陶邑，隐居下来。

初到陶邑，范蠡不顾家人埋怨，自觉无比快乐。时间一长，范蠡不甘清闲，又思治业大计。他的家人有怨气地说："人人思富，个个求财，你富不珍惜，口言钱财无用，今日何必再言此事？钱财有那么好赚吗？"

范蠡轻松一笑说："穷富之别，在乎心也。只要有心，钱财取之何难？"

范蠡认为陶邑位于天下中心，道路四通八达，正是交易的好地方。于是他以经商为业，求取利润。范蠡的经商谋略也是超群的，他采用"贱取如珠玉，贵出如粪土"的方法，买贱卖贵，有进有止，遵循"积贮之理"，没用多久就又积聚了巨万资财，成了当地首富，号称"陶朱公"。

后来，范蠡又散尽家财，周济贫困的乡党故旧，他为此表白说："在我看来，经商是一种乐趣，但在求取金钱上不该贪得无厌。钱财乃身外之物，不过分看重它才能得到它，此中真谛非守财者所能悟出，它让人受益无穷啊！"

第七章 节俭品德：节俭养德大修养

节制欲望戒虚荣

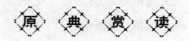

【原文】

是故用财不费，民德不劳，其兴利多矣。有去大人之好聚珠玉、鸟兽、犬马，以益衣裳、宫室、甲盾、五兵、舟车之数于数倍乎！若则不难。

——《墨子》

【译文】

因此使用资财不浪费，老百姓不觉得劳苦，这样，也就增加了许多的利益。如果又减除掉王公大人们喜好收集的珠玉、鸟兽、犬马等物品的花费，来增加衣服、宫室、铠甲、盾牌、各种兵器及车船的数量，使之增加数倍，也是不难的。

立德之道

墨子认为，可以通过"节用"的办法来增加全社会的利益和整个国家的财富，这需要统治阶级即王公大人们首先应具备一种"节用"的意识，要节制自己的物欲而过一种节约俭朴的生活，并应将主要的精力和财富放在与民众利益切实相关的方面，而不要过度追求一些华而不实、与民利无关的物质享受乃至造成对资财的无用浪费，这样也就可以很容易地使社会财富成倍增加，从而形成国强民富、社会稳定的局面。

墨子认为，古代圣人治政，宫室、衣服、饮食、舟车只要适用就够了。而当时的统治者却在这些方面穷奢极欲，大量耗费百姓的民力财力，使人民生活陷于困境，甚至让很多男子过着独身生活。因此，他主张凡不利于实用、不能给百姓带来利益的东西，应一概取消。

节俭是一种力量。节俭注注和进取、积极、奋斗、乐观向上的人生态度相关。一个人、一个企业、一个单位重视节俭，就能更有计划、有目标、有条理地去实现自己的追求。节俭体现的是一种忧患意识，一种可持续发展的深谋远虑，是为子孙后代着想的未雨绸缪之举。节俭，对任何人来说都刻不容缓。

节俭必须克服虚荣心理。司马光说："俭，德之共也。侈，恶之大也。共，同也，言有德者，皆由俭来也。"有的人之所以纵情奢靡，一个重要原因就是把奢华浪费当成是一种让自己备感光荣的事。这些人在办事时，或住高级豪华宾馆，或大摆豪华宴席，或进超级夜总会，一掷万金。摆阔斗富，炫耀自身价值，借以抬高自身的身价。而这样的结果却恰恰适得其反。他们只能得到那些拥有和他们相同想法的人的羡慕，而那种真正有品德的人，只会对他们嗤之以鼻。

铺张浪费则困，勤俭节约则昌，自古皆然。远古时期，物资匮乏，节用节俭便成为兴国利民的重要手段。没有勤俭节约的精神做支撑，国家是难以繁荣昌盛的，社会是难以长治久安的，民族是难以自立自强的，企业是难以持续发展的。而人生如果没有勤俭节约的精神作为支撑，生活亦不会幸福。因而，古时贤明的君主为提倡节俭，常制定出一些具体的规定，这些也是墨子认为当政的统治者应该学习的，同时也是我们今天应该学习的。

家 风 故 事

朱元璋的"勿忘节俭屏"

唐朝诗人李山甫曾经写过一首《上元怀古》，描述的是南朝几位末代皇帝因骄奢淫逸而致国破家亡的事，诗中写道："南朝天子爱风流，尽守江山不到头。总为战争收拾得，却因歌舞破除休！尧将道德终无敌，秦把金汤可自由？试问繁华何处要，雨花烟草石城秋。"

187

第七章 节俭品德：节俭养德大修养

朱元璋对这首诗大为赞赏，认为李山甫把骄奢淫逸而致国破家亡的场景描绘得入木三分，并且将这首诗中写到的事例引以为戒。他传旨让人将其写于自己寝宫的屏风上，以便朝夕吟咏，提醒自己不忘节俭，力戒奢侈。后来这段事例被后人传为朱元璋的"勿忘节俭屏"。

朱元璋曾语重心长地对臣子说："所谓节俭，自己不躬行，又怎能使天下官民和百姓效法呢？"于是，他带头节俭，日常生活中时刻都力求朴素。他不喜饮酒，不在饮食上面花费太多的人力财力。每日早膳只吃些蔬菜，穿着也不求华丽。史载：有位西域商人欲送他一些蔷薇露之类的化妆品。朱元璋就说："这些玩意儿只不过是些装饰品，能把人打扮得更香些罢了，养成侈靡的习惯没什么好处！"于是果断地拒绝了商人的好意。洪武八年（1375 年）改建大内宫殿时，他指示大臣说："我现在只要求将宫殿建得安全牢固，并不追求华丽，凡是雕饰奇巧，一概不用。"

纵观历史，大到邦国，小到家庭，从表象上看无不是兴于勤俭，亡于奢靡，所以中国传统的儒家文化非常重视勤俭，这也是今人应该遵从的一种美德。

俭而不吝是美德

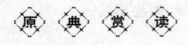

【原文】

施而不奢，俭而不吝。

——《颜氏家训》

【译文】

施舍而不奢侈，俭省而不吝啬。

立 德 之 道

俭朴并不是吝啬，而是一种节制，在应当花钱的时候就不要吝啬，在该节俭的地方就不要奢靡，一个勤俭的家庭应该被尊敬，而不是被人耻笑为寒酸，勤俭才能持家长久。

很多人一提到节俭，首先想到的词便是"小气"。实际上，节俭和小气所代表的生活方式截然不同。首先，从词性上来说，节俭是褒义词，而小气很明显是个贬义词。其次，从生活方式来分析，节俭指合理的节省开支，细水长流，是简朴务实的好习惯；而小气则是在生活上吝啬，是一种不通达人情世故的表现。

"节俭"的意思是：当用则用，当省则省；换句话说，就是省用得当。而"吝啬"的意义却是当用不用，不该省也省。举个例子来说明，清朝有位富商叫胡雪岩，他的生活准则是"该花的钱一分不留，不该花的钱一分不出"。这就是一种节俭的写照。

节俭和吝啬从表象上来看，是非常相似的。如果我们不加以价值判断的话，很容易将两个概念混淆。节俭美德，是一种值得鼓励并且需要我们将之发扬光大的生活方式。而吝啬是需要我们摒弃的一种生活习惯。

"是否会降低生活标准"可以作为初步区分节俭和吝啬的一种方法。必要与非必要，正是代表着理性与非理性。以相同的代价换取更多的利益，或者为了相同的收益而付出更少的代价，这就是理性，就是节俭。

由此可见，节俭体现的并不是一种简单的花费多少，而是一种统筹思想。更多时候我们需要用全局的眼光统筹思考，这样才能做到真正的节俭。不懂节俭或者不会节俭的人和过分吝啬的人是缺乏智慧的人。他们一般都眼光狭隘，不懂得长远规划。

有时候生活中也有很多地方不需我们去节俭，甚至那种正常的"奢侈"会给他人带来很大的帮助。比如为贫困儿童捐款，对遭受伤害的人慷慨地伸出援助之手。这种做法虽然会让你的金钱数目减少，精神上的满足却会提高，使你在帮助他人的时候也会感受到一种成就感。这样的行为不仅不是奢侈浪费，还是一种道德高尚的体现。

总而言之，节俭很必要，但是我们应该统筹规划，而不是为了节省那

第七章 节俭品德：节俭养德大修养

些必要的花费而形成吝啬的毛病。千万不要忽略了"当用不省"的道理，否则我们就可能因为不恰当的"节俭"而成了"守财奴"。

家风故事

卖狗嫁女

东晋有个大官叫吴隐之，他幼年丧父，跟母亲艰难度日，养成了勤俭朴素的习惯。做官后，他依然厌恶奢华，不肯搬进朝廷给他准备的官府，多年来全家只住在几间茅草房里。后来，他的女儿出嫁，人们想他一定会好好操办一下，谁知大喜这天，吴家仍然冷冷清清。谢石将军的管家前来贺喜，看到一个仆人牵着一条狗走出来。管家问道："你家小姐今天出嫁，怎么一点筹办的样子都没有？"仆人皱着眉说："别提了，我家主人太过节俭了，小姐今天出嫁，主人昨天晚上才吩咐准备。我原以为这回主人该破费一下了，谁知主人竟叫我今天早晨到集市上去把这条狗卖掉，用卖狗的钱再去置办东西。你说，一条狗能卖多少钱。我看平民百姓嫁女儿也比我家主人气派啊！"管家感叹道："人人都说吴大人是少有的清官，看来真是名不虚传。"但是从另一方面看，自己女儿出嫁，做父亲的只是"卖狗嫁女"，这是不是太不通情理了呢？

奢者贫而俭者富

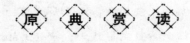

【原文】

奢者富不足，俭者贫有余；奢者心常贫，俭者心常富。

——《慎子》

奢侈的人财物富有而不知足，节俭的人贫穷而有余庆；奢侈的人心中经常感到贫穷，节俭的人心中经常是富有的。

立德之道

人们谈到贫穷，总是将贫穷的原因归结为天不遂人愿或者"我不是富二代"，很少有人会考虑自身的原因。实际上，一个人的贫穷，固然与自己的家庭有一些联系。但是，财富的积累还是要靠自己。即使你生在一个贫穷的家庭，你也完全可以靠自己的努力去改变贫穷的现状。

有多少富家子弟因为奢侈浪费，而导致后半生居无定所；有多少名人富豪在上天一次次的眷顾之后仍然将自己的幸福葬送到奢侈浪费的习性中；有多少帝王将相身在高位却因为挥霍无度、劳民伤财，最终导致国破家亡。所以，出身的好坏固然重要，但是最重要的还是自己的行为。一时的贫穷不代表一生的贫穷，但是一时的奢侈却有可能会导致人生一败涂地。

每个人都有奢侈的欲望，每个人都喜欢名贵而华丽的装饰，但是对待这种奢侈品我们要有度。虽然我们国家人民的生活水平有了很大的提高，但是，在我国贫困的山村，仍有一部分人没有脱离贫穷，他们甚至连温饱都不可得，如果我们将花在那些奢侈品上的钱财用在帮助这些贫穷人脱贫致富上，那我们得造福多少人啊。古人都知道"独乐乐，不如众乐乐"，在我们的能力范围之内，将钱财捐给贫苦灾区的群众，既提高了自身的品德，又造福了他人，何乐而不为？

家风故事

齐桓公骄奢淫逸终酿悲剧

"春秋五霸"之首齐桓公是被三个他宠信的小人禁闭在寝殿里活活饿死的，他的尸体在床上放了67天，直到尸虫爬出室外，才被人发现。英雄落得如此下场，不得不让人扼腕叹息。

齐桓公骄奢淫逸，连吃都讲究得不得了。他手下有位天下闻名的厨子，名叫易牙，他是甘愿自宫以侍桓公的竖刁推荐过来的。一天齐桓公穷极无聊，对臣子说："山珍海味我都吃腻了，只是没吃过人肉，不知人肉的味道怎么样!"齐桓公此语本是戏言，易牙却把这话牢记在心，一心想着怎样做顿人肉宴献媚齐桓公，以博得齐桓公的欢心。然而市场上毕竟没有"人牲"可卖，于是易牙一狠心，竟将亲生骨肉作为牺牲品，"大义凛然"地将儿子杀了为桓公烹制人肉宴。

　　当齐桓公品尝这道他从未见过的珍馐佳肴时，便问易牙是用什么做的。易牙一脸沉痛，却一副毅然的模样，说道："是用我的幼子蒸的。"齐桓公闻言大为感动，认为易牙爱他胜过亲骨肉，乃天下第一忠臣。齐桓公生活上这类骄奢淫逸的习气，构成其事业的潜在危害，他曾毫不避讳地跟管仲说："寡人不幸而好田，又好色，得毋害于霸乎?"作为一国之君，爱好打猎可能会荒于政事，但还不是太要紧的事。而好色是成就伟业的大忌。

　　晚年的齐桓公欲望不减当年，他自认为功高无比，广建宫室，务求壮丽，一切乘舆服饰攀比周王，以追求舒适快乐。管仲临终前，不放心桓公，把辅佐这个欲望国君的任务交给了宁戚、隰朋，并明确告诫桓公，日后不可亲近竖刁、易牙等人，认为这些人虽然能给齐桓公带来快乐，但潜伏着极大的祸害。

　　管仲死后，被专门迎合人心的小人们宠惯了的齐桓公，总觉得身边的侍者不够贴心，以至于吃饭睡觉都毫无精神，更不用说处理政事了。于是他拒绝听从宁戚等人的意见，召回竖刁等人加以任用，极为宠信易牙，而他的悲剧至此也就上演了。他们先是想办法为齐桓公选美，有个叫开方的大夫推荐了卫懿公的女儿。齐桓公叫人察看，果然卫懿公的女儿拥有绝色之姿。于是竖刁等人把她送给桓公，齐桓公自此不理政事。易牙与竖刁、开方组成臭名昭著的"小人三人行"，最终将齐桓公的霸业断送了。

第八章

团结同德：仁爱礼用和为贵

儒家思想以仁为核心，主张人人都要有仁爱之心，对他人要与人为善，要帮助别人，以成人之美。孔子说："礼之用，和为贵。"所谓人和，就是强调人与人之间的协调与合作。以人为本、团结互助是中华民族的传统美德。乐善好施、团结同德是仁学思想中的应有之义。

世间万物相依存

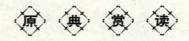

【原文】

山，水绕之；林，鸟栖之，曲径可通幽也。

——《处世悬镜》

【译文】

在山旁，有水流环绕；在林间，有鸟儿栖息，弯曲的小径
可以通向深远的境地。

立 德 之 道

事物之间是相互联系的，人与人之间也是不可分割的。人一旦分割成
独立的个体，是无法生活的，尤其是在特别讲求团队精神的今天。工作
中，不同的部门管理着不同的事务，只有团结合作才能共同完成一件事
情，哪一个的落后都会导致整体的倒退。既然谁也离不开谁，那就要互相
帮助。

事物之间是相互联系的，人与人之间也是相互联系的，因此在这个巨
大的人与事物的关系网中，只要打开一个缺口，就能找出事物的本源。

家 风 故 事

崔安潜巧妙除盗贼

崔安潜是唐代人，素有"虽位将相，身听狱讼"之称。僖宗时，他代
替高骈做了西川的节度使。

崔安潜到任时，西川境内盗贼四起，社会治安极度混乱，民心惶惶。人们都瞪大眼睛看着这位新节度使，如何平息境内的盗贼。然而，崔安潜到位后，并没有下令捕捉盗贼，蜀中的百姓都感到非常奇怪，这位节度使是怎么想的呢？崔安潜认为：境内的这些盗贼如果不是有人通融包庇，他们是不会这样猖狂的。于是，他采取了一个奇特的办法。

他命令拿出府库中的一些钱，放在各地的闹市上，并且贴出榜文说："凡是告发、捕捉盗贼的，赏五百钱，若是同伙告发的，和平常人一样，并且开释无罪。"榜文发出后，老百姓议论纷纷，不少人怀疑："这个办法能行吗？为了五百钱，这贼能咬贼吗？"

不久，有一个盗贼绑来一个惯贼。这个惯贼很不服气，大声吆喝："他和我同样干了17年，获赃都是平分。他怎么能捉我呢？"崔安潜说："你既然知道我已发下榜文，为啥你不把他先捉来见官？若是那样的话，他就该是死罪，你就该受赏了。现在，你被他占了先，该你死，你还说啥！"而后，当着盗贼面赏给告捕的那人赏钱，并在大庭广众之下斩杀了被捉来的惯贼。这件事一传开，那些盗贼之间互相猜疑起来了，唯恐被告发，也不敢再到过去的窝藏者家了，连夜纷纷散逃出境。此后，这里再也没有一人敢做盗贼了。

寇恂以一制万赢得胜利

公元34年，隗嚣的部将高峻拥兵自重，割据驻守高平一带，气焰嚣张，根本不把朝廷政令放在眼中。光武帝即令建威大将军耿弇率军围攻，一年多劳师伤卒也没有攻克。光武帝大怒，准备亲自征伐。

寇恂劝谏说："长安居于洛阳和高平之间，双方接应近便。陛下坐镇长安，安定、陇西两郡必定震惊惧怕，就可以控制四面八方。现在深入险阻，对陛下不是最安全的做法。前年颍川郡盗贼蜂起的往事，应引以为戒。"

刘秀不听，进军到沂县。高峻依然坚守不降，刘秀派寇恂去劝降。寇恂带着刘秀的记书到达高平第一城，高峻派军师皇甫文出城会面。皇甫文言辞态度，毫不卑屈。寇恂大怒，想杀掉他。

将领们劝阻说："高峻有精兵一万人，大多数是强弓射手，在西面把守陇道要路，几年都不能攻下。现在准备招降高峻，却反而屠戮他的使节，恐怕不行吧!"寇恂不答应，杀了皇甫文，放他的副使回去，让他转告高峻说："军师无礼，已经被杀。要投降，赶快投降；不想投降，继续坚守。"

高峻惊惶恐惧，当天打开城门投降。将领们都向寇恂祝贺，问他："杀了他的使节又能使他打开城门投降，为什么呢?"寇恂说："皇甫文是高峻的心腹，是为高峻出计谋的人。这次前来，皇甫文态度强硬，丝毫没有归降的意思。如果保全皇甫文则其谋划得逞，杀掉他则高峻丧胆，所以高峻便开城投降。"将领们都钦佩地说："您这样足智多谋，真是料事如神啊。"

和衷少妒是谦德

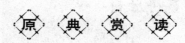

【原文】

节义之人济以和衷，才不启忿争之路；功名之士承以谦德，方不开嫉妒之门。

——《菜根谭》

【译文】

崇尚节义的人要用谦和诚恳的态度来适当加以调和，才不至于留下引起激烈纷争的隐患；功成名就的人要保持谦恭和蔼的美德，这样才不会给人留下嫉妒的把柄。

立德之道

做人讲究庸和之道，得让人处且让人，事事留有余地，才能在与人相处中不结仇、不结怨、不吃亏。相反，事事争先、目空一切，每次都要居人之上，必然会遭人嫉妒，隐忍记恨，给自己带来祸患。所以，《菜根谭》提醒人们，和衷才能少争，谦德方能少妒。

如果想要得到长久的快乐，获得更大的成功，就应该豁达一点，少些欲念，多些忍让，不必把一点小惠小利看得过重，也不必对每一件事都过于计较。适时糊涂，生活就会轻松不少，生命中也会有更多的快乐与幸福。五代时的冯道，就是这样一个难得糊涂的清醒之人。

冯道曾事四姓、相六帝，在世事变乱的八十余年中，始终不倒，令人称奇。

首先，此人品格清廉、严肃、淳厚、宽宏，无瑕可击；其次，他深谙中庸处世之道，深浅有度，中正平和，大智若愚。

冯道有诗云："莫为危时便怆神，前程往往有期因。须知海岳归明主，未必乾坤陷吉人。道德几时曾去世，舟车何处不通津。但教方寸无诸恶，狼虎丛中也立身。"

冯道能够在乱世之中屹立不倒正得益于他和衷少争的中庸智慧。和衷少争，是一种老谋深算的清醒，也是卧薪尝胆的大度，更是一种心中有数的正派。和衷少争，不是那种与世无争的软弱，而是退一步海阔天空的豁达；不是明哲保身的逃避，而是让三分风平浪静的睿智；不是苟且偷生的迂腐，而是真金不怕火炼的坚贞。

除了和衷少争之外，谦德少妒也是一种处世智慧。深谙此道可以明哲保身，否则，很容易给自己带来祸患。

家风故事

公孙子都的妒忌之心

春秋时期，郑庄公准备伐许。战前，他先在国都组织比赛，挑选先行

第八章 团结同德：仁爱礼用和为贵

官。将士们一听露脸立功的机会来了，都跃跃欲试，准备一显身手。

首先进行的是击剑格斗，将士们争先恐后，都使出了浑身本领。经过轮番比试，选出了 6 个人，参加下一轮射箭比赛。在射箭项目上，取胜的 6 名将领各射 3 箭，以射中靶心者为胜。最后颖考叔与公孙子都打了个平手。可先行官只有一位，所以，他们俩还得进行一次比赛。后来，庄公派人拉出一辆战车来，说："你们二人站在百步开外，同时来抢这部战车。谁抢到手，谁就是先行官。"公孙子都轻蔑地看了颖考叔一眼，哪知跑了一半时，公孙子都一不小心，脚下一滑，跌了个跟头。等爬起来时，颖考叔已抢车在手。公孙子都当然不服气，于是提了长戟就来夺车。颖考叔一看，拉起车就飞跑出去，庄公忙派人阻止，并宣布颖考叔为先行官。公孙子都因此对颖考叔怀恨在心。

战争开始了，颖考叔果然不负庄公所望，在进攻许国都城时，手举大旗率先从云梯冲上许都城头。眼看颖考叔就要大功告成，公孙子都记起前事，竟抽出箭来，搭弓向城头上的颖考叔射去，一下子把没有防备的颖考叔射死了。公孙子都就这样因为嫉妒杀死了颖考叔，成为阶下囚。

团结是治国之本

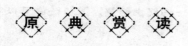

【原文】

上下不和，虽安必危。

——《管子·形势第二》

【译文】

君主与臣民的关系不和谐，即使现在安定，也只是表面安定，最终必然会发生危机。

管子在此强调了人和的重要意义。上下一心，精诚团结，是国家富强昌盛的重要条件，反之，君臣、百姓各怀一心，互相猜疑，肯定会影响到国事。虽然暂时或表面上很稳定，但一有风浪，便会发生危险。因此，人和是治理好国家的根本。

孟子也曾说："天时不如地利，地利不如人和。"天时、地利固然重要，但最重要的还是人和。再次证明了上下团结一致，是一个国家、一个集体事业成功的根本保证。

家 风 故 事

太平天国的内乱

清咸丰元年，洪秀全在广西金田发动农民起义。两年后，起义军攻占南京，改称天京，建立了太平天国。太平天国上下团结一心，洪秀全、杨秀清坐镇天京，石达开、陈玉成、李秀成等将领亲临战场冲锋陷阵，数十万起义军英勇拼杀，接连打败强大的清军，取得了军事上的辉煌胜利，在长江中下游地区站住了脚跟。然而，随着势力的不断壮大，太平天国内部却闹起了矛盾。

太平天国内部，杨秀清的地位仅次于洪秀全，被称为"九千岁"。他才干出众，很有军事方略，深得广大将士的爱戴和洪秀全的信任。但是，随着太平天国势力的壮大，杨秀清的私欲也不断膨胀。他仿效天王府建造了豪华的东王府，手下有两万多名大小官员，交给洪秀全的一切奏章，必须由他转呈，东王府成为太平天国政令所出的地方，杨秀清助手的权力有的都超过了北王韦昌辉、翼王石达开和燕王秦日纲等人。对天王洪秀全，杨秀清也不放在眼里。他时常假借"天父下凡"训斥洪秀全。有一次，洪秀全责罚了一些女官，引起了杨秀清的不满。杨秀清就倒在地上，假托"天父"下凡附在了自己的身上，假传"天父"的旨意，要责打洪秀全四十军棍。韦昌辉等人再三恳求也不行，直到洪秀全当众认错才罢休。

199

第八章 团结同德：仁爱礼用和为贵

杨秀清的野心越来越大，他想代替洪秀全当天王。咸丰六年夏季的一天，东王府里张灯结彩，鼓乐大作，正在庆祝胜利。突然，杨秀清脸色发紫，大声喊道："天父下凡了。"全府人一听，都知道这时的东王已经是"天父"的化身了，立刻鸦雀无声，跪下听取指示。杨秀清慢腾腾地说："我是天父，快叫你们二兄（指洪秀全）来听训话。"府里的侍从立即去报告洪秀全。洪秀全急忙赶来，跪在杨秀清面前。杨秀清以天父的口吻说："天王和东王都是我的儿子。东王智慧比天王高，功劳比天王大。为什么天王称'万岁'，东王只能称'九千岁'呢？你必须封东王为万岁。这是天意，不得违抗。如若违抗，祸害无穷！"

　　洪秀全心里明白，这是杨秀清借天父的名义为抬高自己地位而玩弄的把戏。他想当场发作，但是又考虑到杨秀清权重势大，一旦翻脸，自己反而要遭殃，就连连磕头说："天父说得很对，东王才大功高，早就应该加封'万岁'。只是加封是件大事，需要选个好日子。等到东王诞辰那天，我一定当着百官的面加封东王为万岁。"杨秀清听后，满心欢喜，便以天父的口气说："好吧，我回去了。"

　　洪秀全回到天王府，越想越生气："杨秀清逼我封他为'万岁'，岂不是要取我而代之吗？我不除掉他，他就要除掉我了！"想到这里，他就找亲信大臣赖汉英密商。赖汉英也对杨秀清的专横十分不满，赞同洪秀全除掉杨秀清。洪秀全当即亲手书写命令，秘密派人调正在其他地方与清军打仗的韦昌辉、石达开、秦日纲赶回天京，一同处置杨秀清。

　　韦昌辉这个人非常阴险。他表面上对杨秀清百般奉承，总是夸奖杨秀清见识超群，还谦卑地说："小弟才识短浅，若不是东王指点，哪里懂得这么多道理？"但是杨秀清并不赏识他，从来不让他担任一方面的军事重任，因此韦昌辉对杨秀清非常嫉恨。现在，有了洪秀全的密令，韦昌辉感到机会来了，便立即带领三千亲信部队快马加鞭，趁夜晚悄悄回到了天京，和已经回天京的秦日纲密谋，迅速封锁了通往东王府的道路，包围了杨秀清的住宅。

　　第二天凌晨，韦昌辉率领亲信部队，闯进东王府，杀死了杨秀清，命令部队将在东王府居住的杨秀清家亲属和东王府官员全部杀死。一会儿工夫，东王府内尸体遍地，血流成河。但是韦昌辉还不满足，又借机将杨秀清的五千多名部属和亲戚全部杀死。这些使清军闻风丧胆的太平军将士没有死在敌人之手，却惨死在韦昌辉的屠刀之下。由于城内尸首太多，无法掩埋，韦昌辉就命令把尸首扔到河里。浮尸随秦淮河一直漂流到城外，看见的人都毛骨悚然，不寒而栗。

韦昌辉滥杀无辜，引起了石达开的不满，他气愤地质问韦昌辉："杀杨秀清一个人就够了，为什么株连那么多人？从广西起义的太平军兄弟姐妹，被你杀掉大半，今后如何打仗？"韦昌辉就调集军队，准备杀死石达开。石达开及时逃走，免于一死，韦昌辉就将他一家老少全部杀死。石达开逃到安庆，调集四万军队，要来天京问罪，杀韦昌辉报仇。

洪秀全认识到韦昌辉是比杨秀清更跋扈的人。如果纵容他，不但会威胁自己的地位，还会是太平天国的心腹大患。于是洪秀全命令把韦昌辉、秦日纲连同他们的家属及死党二百多人全部处死，又把韦昌辉的人头割下来，送给石达开。这样，太平天国最有声望的首领，除了洪秀全，就只剩下石达开了，洪秀全就请石达开回天京辅政。

石达开是个很有才干的人，又兴兵讨伐韦昌辉，深得广大将士的拥护。洪秀全看到这种情况，又犯了猜疑，害怕石达开权力大了威信高了，会成为第二个杨秀清。因此他就采取手段多方限制石达开的权力，这引起了石达开的不满。他思前想后，决定分立出走，于咸丰七年夏天，带领十几万精锐部队离开了天京，这使太平天国又一次遭受严重损失。虽然后来洪秀全又起用了一批很有才能的年轻将领，但已不能挽回局面，终于在同治三年失败了。

杨秀清居功自傲，韦昌辉借刀杀人，使太平天国元气大伤；洪秀全乱加猜疑，石达开负气出走，又使太平天国自毁长城。太平天国与其说是被清军打败，不如说是被自己打败。

"上下不和，虽安必危"，太平天国失败的教训实在太深刻了。

201

第八章　团结同德：仁爱礼用和为贵

众人拾柴火焰高

【原文】

力不敌众，智不尽物。与其用一人，不如用一国。

——《韩非子·八经》

【译文】

个人的力量是敌不过众人的力量的，仅凭个人的智慧是不能知道天下万物的。与其仅用个人的力量与智慧，不如集合全部人的力量与智慧。

立 德 之 道

一双筷子轻轻易折断，十双筷子牢牢抱成团，这就是合作的力量。其实，很多时候与人合作，并不意味着自己吃亏。因为与人团结合作就是强大自己，就是帮助自己。合作是一件快乐的事，有些事情只有人们相互合作才能做成，而所有成功人士都有一个共同之处，就是他们都注重团结合作。

俗话说，"独脚难行走，孤掌难自鸣"，也有古人说，"二人同心，其利断金"。可见，团结就是力量。

没有人可以不依靠别人而独立存在，联系生活实际，大家互相支持、互相协作、互相配合，顾全大局，为了共同目标，积极主动做好各项工作，才能共同成长。个体之间不沟通，团体之间不配合，各自为战，最终结果只能是一盘散沙，这是我们每个人都不希望看到的。

团结，是一个重要的精神，一个人想要成功，除了自身要有较高的素质外，还必须有与别人合作的精神。在竞争极度残酷的社会中，如果没有"和而不同"的思想意识，只顾自己单打独斗而不注重合作，只顾自己埋头苦干而不知与人交流，这样的你是很难立足于社会的。小至个人，大至国家，都是如此。国家的兴旺繁荣离不开与其他国家的友好与合作。求同存异，和而不同，在不同中寻找相同，在小同中追求大同。

家 风 故 事

周景王爱财喜乐以致江山不保

东周的第十二代天子周景王姬贵，在他在位的第二十一年（公元前524年）和二十三年（公元前522年）时，做了两件不得民心的事情：一件是铸大钱，一件是铸大钟。大钱就是币值高的钱。景王试图以铸行大钱的方式来收缴民间的小钱。大钟即编钟，景王准备铸造两组巨型编钟，一组是无射，一组是大吕。他打算把这两组编钟上下悬挂在一起配合着演奏。

景王身边的大臣单穆公对此非常担忧，极力劝阻。单穆公认为铸大钱首先不利于金钱的流通，同时是对平民百姓的残酷掠夺；而铸大钟更是一件劳民伤财的事情，既无法得到美的享受，又增加了百姓的负担。因此这样做将会使百姓离心，国家危险。

司乐大夫伶州鸠也劝阻说，编钟的声律强调和谐，如果一件事情得到的是百姓的怨恨，那就没有和谐可言了。并且他引用民谚"众心成城，众口铄金"来表明自己的观点，也就是大多数老百姓喜欢的东西，几乎都能够实现；而百姓讨厌的事情，几乎都会很快消亡的。但景王依然不听，三年间，他既铸了大钱，也造了大钟。后景王死于心疾，周王朝也随即爆发了长达五年之久的内乱。

第八章　团结同德：仁爱礼用和为贵

顾全大局识大体

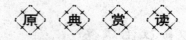

【原文】

士有妒友，则贤交不亲，君有妒臣，则贤臣不至。

——荀子

【译文】

士大夫如果有善妒的朋友，那么贤明的朋友就会变得不和他亲近，君主如果有善妒的臣子，那么贤明的臣子就不会来辅佐君王。

立德之道

识大体顾大局是中华民族的传统美德。识大体顾大局这种品质的含义是：把着眼点放在整个国家和整个民族的根本利益上，个人服从整体，小局服从大局。我国古代一些有德之士和进步的思想家、政治家，他们都很注重识大体顾大局，并视为一种美德加以崇敬。

家风故事

宁俞出使鲁国

公元前 623 年，卫国派亚卿宁俞出使鲁国。鲁国摆酒设宴，隆重接待。宴席间，乐工演奏的曲目是《湛露》和《彤弓》，而这两首曲目是周天子曾经为奖赏各诸侯而作。宁俞心中有些不满，连循例要表示的答谢之言都没有说。

鲁君心中生疑，便在宴席结束后派人偷偷去问宁俞。宁俞告诉来者："当年，周天子依傍各诸侯的全力相助，才能征服天下。为了向各诸侯表示感谢，周天子摆酒设宴，赐予彤弓，演奏《湛露》。如今，我代表卫国来到贵国，是想与鲁国交好，鲁君却效仿周天子赐谢诸侯的做法，特意命人演奏《湛露》和《彤弓》。对此，我不好做评价，只好缄默不言。"

来者听了宁俞的一番解释，心中暗自叹服，忙回去向鲁君汇报。鲁君听后，暗自愧疚，日后也不敢随意使用周礼了。

天时地利与人和

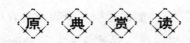

【原文】

天时不如地利，地利不如人和。

——《孟子·公孙丑下》

【译文】

有利于作战的天气、时令,比不上有利于作战的地理形势；有利于作战的地理形势，比不上作战中的人心所向、内部团结。

立 德 之 道

天、地、人三者的关系问题古注今来都是人们所关注的，三者到底谁最重要也就成了人们议论的话题。荀子曾经从农业生产的角度论述过天时、地利、人和的问题，但他并没有区分谁重要谁不重要，而是三者并重，缺一不可。而孟子认为"天时不如地利，地利不如人和。"三者之中，"人和"是最重要的，起决定作用的因素，"地利"次之，"天时"又次

第八章 团结同德：仁爱礼用和为贵

之。这是与他重视人的主观能动性的一贯思想分不开的，同时，也是与他论述天时、地利、人和关系的目的分不开的。

家 风 故 事

将相和

春秋战国时期，赵国有个大将廉颇。他能干功高，但骄傲自大，争名争位。

他对地位已经超过自己的蔺相如很不服气，常对人说："我是赵国的大将，有攻城守地的大功。而蔺相如过去是个下贱人，只凭着卖弄唇舌就爬至我的头上！我真羞愧在他的名下。"说着，又猛地一扬头，发誓说："我见到蔺相如，一定羞辱他，否则我不姓廉。"

蔺相如听到了廉颇的话，知他正在气头上，就有意躲避着他，不肯与他见面，国王召集文武大臣上朝，蔺相如常常称病不去。

有一天，蔺相如坐车出门办事，在路上，他远远望见廉颇也坐着车从对面走来。蔺相如急忙叫车夫把车拐到胡同里，躲藏起来，等廉颇走过去，才把车退出来，继续往前走。

门客们对蔺相如回车避见廉颇的做法实在看不惯，就找到他说："我们离开亲戚朋友，到您这里办事，是羡慕您智勇双全，道义高尚。如今您的地位在廉颇之上，他说您的坏话，您不回击；您见到了他，像老鼠见了猫，又是躲，又是藏。一般老百姓也受不了这个窝囊气，您身为上卿，却一点也不感到羞耻。我们可忍不下去，请让我们走吧。"

蔺相如好言好语劝留他们说："你们说，廉将军与秦王比较起来，谁厉害？"

门客们答道："当然是秦王厉害。"

蔺相如点点头说："是啊，秦王那么厉害，我敢在大庭广众之下痛斥他，侮辱他的左右大臣。我虽然很愚笨，难道独独怕一个廉将军吗？我考虑的是，强大的秦国之所以不敢侵犯赵国，是因为有我们两人在，一文一武，同心协力，团结得好。如果我们俩像两只老虎，互相争斗，你死我伤，那正是敌人所希望的。我对待廉将军，是把国家的安危放在前面，个人的成见放在后面。"

蔺相如的话，很快传到廉颇的耳朵里。他坐立不安，越想越受感动，内心十分惭愧。于是他脱掉上衣，光着膀子，背上荆条，跑到蔺相如家里，跪在蔺相如面前，痛哭流涕地说："我心胸狭窄，为个人名位斗气。没想到上卿品质这么高尚，以国为重，宽以待我。我实在对不起你，特来向您请罪。"

蔺相如慌忙把他扶起，也十分感动地说："我是个卑贱的人，没料到将军严以责己，宽宏大量到这等地步啊！"

从此以后，两个人变成了同生死、共患难的好朋友。他们团结一致，文武配合，为国效力，使秦国不敢轻举妄动攻打赵国。

领导要团结人心

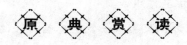

【原文】

爱多者则法不立，威寡者则下侵上。

——《韩非子·内储说上·七术》

【译文】

仁爱太多，法制就建立不起来；威严不足，领导者就会被下属侵害。

立 德 之 道

对于每一个领导来说，管理下属都是他工作的重中之重。由于每个人有每个人的特点，每个人有每个人的性格，学历、能力也有高低。要想把他们组成一个高效能的团队，没有高超的管理手段是不行的。作为集体的领导者，该如何做才能把他们团结起来，把每个人的潜能激发出来，把他们管理好呢？

管理的基本方法，无非就是遵循"奖励"与"刑罚"这两大原则。领导者就是根据这两大原则，才能掌握下属的行为，若是领导者不会好好地利用它们，那也就不是有效的管理。

诸葛亮具有非凡的治军才能，马谡大意失街亭之后，诸葛亮当即决定将马谡斩首示众。而到临刑之际，诸葛亮却又痛哭流涕，细数马谡的长处，感动得马谡也痛哭失声，他为诸葛亮对他的公正评价感到舒心，而后毫无怨言心平气和地赴死，众将士也都为诸葛亮的执法如山和体恤下属所感动，自当效死捍卫蜀国。

这就是诸葛亮的高明之处。如果马谡失街亭之后，诸葛亮只注重严整军威，冷脸斩马谡，那么势必会冷了人心。

高明的领导都懂得奖罚分明、恩威并举的策略。也就是说，先要严明纪津，然后再讲人情味，这样才能把一个集体团结起来，形成感召力、凝聚力。

领导要团结人心，不能一味地讲严，也不能一味地讲情，要做到二者的完美结合，否则就会失去领导者应发挥的作用。

下属都希望自己的领导不但有威慑力，更要有一定的感召力，这样，出色的决策才能落实。

总之，领导者要记住，该硬的时候必须要硬，该温情的时候也必须要温情。恩威并重，才能树立起自己的威信，才能管理好下属，才能使下属的潜能被激发出来，从而提高工作效率。

齐景公欲速不达见深情

齐景公，名杵臼，春秋时齐国国君，公元前547年—前490年在位。

这一年，齐景公到少海出游。游兴正浓的时候，突然有人从国都赶来报告，说："国相晏婴得了重病。如果国君不能马上回京，恐怕就见不到他了！"景公听了，急得不知所措，半天才回过神来，命令最好的马车夫韩枢驾着最快的骏马烦且，立即赶回京都。韩枢使出了浑身的解数，骏马奔驰如飞。顷刻之间，已行了数十里路。

然而，景公仍觉得车子太慢。他夺过了韩枢手里的鞭子和缰绳，亲自驾驭起来。嘴里还不住地叨念："晏婴啊晏婴，我的好爱卿，我说什么也得见上你一面！平仲啊平仲（晏婴的字），我的好帮手，我就要赶到你的身边！烦且啊烦且，都说你是千里马，原来却是这般模样！像你这样迟缓，什么时候才能见到晏婴！"

其实，烦且很懂人情，像知道国君的心思，"呼哧""呼哧"地喘着，简直不是在跑而是在飞。然而，景公仍感觉它跑得很慢，甚至觉得根本没有前进。景公失态地喊道："下车，下车！"韩枢不知是怎么回事，刹住车子，只见景公径直向京都方向跑去……

马跑得快呢，还是人跑得快呢？当然是马啊！虽然齐景公像小孩子似的办了"傻"事，欲速则不达，但是，病中的晏婴如果知道了他的国君如此为他犯"傻"，不知该怎样感激涕零呢！

齐景公身为齐国国君，心里能这样装着他的臣子，这是怎样深重的君臣之情啊！

唇亡齿寒相守护

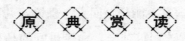

【原文】

一马之奔，无一毛而不动；一舟之覆，无一物而不沉。

——庾信《拟连珠》

【译文】

一匹马在奔跑的时候，全身的毛没有一根不跟着震动；一条船倾覆后，船上的所有东西没有一样不跟着沉没。

立德之道

世界上无论是国家之间还是各个组织之间，其关系就像是个大家庭，成员中的兄弟姐妹，应该和和气气，团结一致。若发生什么不愉快的事，大家应想对方之所想，急对方之所急，想尽办法帮助他人。因为一旦自己所处的群体遭到侵害，作为群体中的一员也不可能逃脱。

在遇到困难时，没有从对方的利益着想，只是想着保护自己，求得苟安而最终自己也逃脱不了灭亡的命运。

家风故事

唇亡齿寒

春秋时，晋国的近邻有虢、虞两个小国。晋国想吞并这两个小国，计划先打虢国。但是晋军要开往虢国，必先经过虞国，如果虞国出兵阻拦，甚至和虢国联合抗晋，晋国虽强，也将难以得逞。

晋国大夫荀息向国君晋献公建议："我们用名马和美玉作为礼物，送给虞国，要求借路让我军通过，估计虞公（虞国国君）一定会同意的。"晋献公说："这名马和美玉是我们晋国的两样宝物，怎可随便送人?"荀息笑道："只要大事成功，宝物暂时送给虞公，还不是等于放在自己家里!"晋献公明白这是荀息的计策，便派他带着名马和美玉去见虞公。

虞国大夫宫之奇知道了荀息的来意，便劝虞公千万不要答应晋军"借路"的要求，说道："虢虞两国，一表一里，辅车相依，唇亡齿寒，如果虢国灭亡，我们虞国也就保不住了!"

虞公不听从建议，于是晋献公就在虞公的"慷慨帮助"下，轻而易举地把虢国灭亡了。晋军得胜回来驻扎在虞国，说要整顿人马，暂住一个时期，虞公还是毫无戒备。不久，晋军发动突然袭击，一下子就把虞国给灭了。虞公被俘，名马和美玉仍然回到了晋献公的手里。

家和才能万事兴

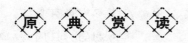

【原文】

莫把真心空计较，儿孙自有儿孙福。天下无不是的父母，世上最难得者兄弟。与人不和，劝人养鹅；与人不睦，劝人架屋。

——《增广贤文》

【译文】

不要一门心思空打算，子孙自然会有他们自己的福分。天

211

第八章 团结同德：仁爱礼用和为贵

下没有不好的父母，人生最难得的是骨肉兄弟。如果与别人合不来，请去养一群鹅。如果与别人不和睦，就想想古人盖房子通力合作的精神。

立 德 之 道

这段话讲居家生活，告诉人们父母亲情的可贵，以及邻里之间应该如何和睦相处。

中国人有很强的家族观念，血浓于水的骨肉亲情是任何东西都无法替代的。孩子永远都是父母生活的重心，从呱呱落地到牙牙语，从蹒跚学步到成家立业，子女的一举一动都牵动着父母的心，没有谁比父母给自己的爱更多、更无私。父母为儿女操劳一生却心甘情愿、毫无怨言，只要儿女幸福就是他们的幸福。因此，世上的父母都是伟大的，需要儿女的体谅和尊敬。不要因为他们爱你而对他们予取予求，更不要因为观念的不同而对他们横加指责。只有他们是你永远的港湾，无论风雨都会迎接你靠岸。而为人父母者也要懂得，疼爱子女固然重要，但是也不要让自己太过操心。"儿孙自有儿孙福"，就像每个小鸟都会有属于自己的一片天空，做父母的需要对子女适当放开，才能给儿女更广阔的发展空间。不要担心他们的将来，经历风雨才能拥有精彩的人生。

在家庭生活中，邻里的关系占有着很大一部分空间。即使身处现代社会的高楼大厦之中，人们的交往少了，但是依然是低头不见抬头见。有了交往就会有摩擦，不论谁对谁错，摩擦的产生双方都有责任。古代邻里若有了摩擦，就会有人劝你去养鹅架屋，不为别的，只因为鹅群的吵闹能让你体会争吵是一件多么令人头痛的事，而盖房子则需要通力协作，会让人们明白合作的重要性。虽然今天人们没有人再去养鹅架屋，但是这句话的寓意和精神还是存在的，人们依然可以从中体会邻里之间和睦相处的意义。

楚庄王解"红缨"之围得勇将

春秋时期，楚国在一场战争中获胜。为了庆祝胜利，楚庄王和王妃请大臣们喝酒，刚刚喝到一半，烛火突然熄灭了。黑暗中，只听王妃大叫了一声，吓了大家一跳。楚庄王忙问王妃发生了什么事，王妃告诉楚庄王，有人竟然胆敢趁着黑暗拉了她一下，慌忙中，她扯下了那个人帽上的红缨。

大臣们为了证明自己的清白，忙说："这个人身为臣子，竟然敢对王妃无礼，请求大王命人点亮烛火，立刻查找那个帽上没有红缨的人，并严厉地惩罚他。"

可是楚庄王却说："唉，这都是我的过错啊，如果我不请大家喝酒，又怎么会发生这种事情呢？这个人肯定是喝多了才无意之间触到了王妃，我怎么能因为别人无意间的过错就惩罚他呢？现在，大家都把帽上的红缨解下来吧。来人，把烛火点上，我们继续喝酒。"

烛火重新点亮了，在座的每个大臣，没有一个人的帽子上有红缨的。王妃虽然满腹的委屈，可是也无从查起了，只好作罢。

几年之后，楚国与郑国展开了一场大战，楚国的将军唐狡冲锋在前，勇猛无比，立下了许多战功。

战胜后，楚庄王立刻召见唐狡，要赏赐给他厚礼，以表扬他的勇敢，可是唐狡却说："臣受大王的赏赐已经足够丰厚了，今天我所做的一切，不过是为了报答大王的恩德。"

楚庄王惊讶地说："寡人从来没有记得赏赐过你呀！"

唐狡含泪回答说："多年之前，大王宴请群臣，烛火突然灭了，那个在黑暗中拉扯王妃，并被王妃拉下帽上红缨的人，就是我啊。多亏大王贤德，不但没有治我的罪，将我杀头，反而命群臣都把红缨解下，保全了我的名声，这种大恩大德，怎能不令我舍命报答呢？"

第八章　团结同德：仁爱礼用和为贵

楚庄王不禁感慨地说："都过去了，我并不怪你，如今我们君臣情深，才是最可贵的啊!"

　　这是我国古代非常有名的"绝缨会"的故事，他们这种君臣之义，确实让人由衷钦佩。在这个故事中，君臣间的宽容和尊重，给了后代做皇帝和臣子的人很大的启迪。

参考文献

[1] 荣格格，吉吉. 中国古今家风家训一百则[M]. 武汉：武汉大学出版社，2014.

[2] 王一，苏良增，李永华. 廉洁自律·从心开始[M]. 北京：企业管理出版社，2014.

[3] 宋希仁. 做一个廉洁自律的人[M]. 北京：中国方正出版社，2013.

[4] 《语文新课标必读丛书》编委会. 增广贤文[M]. 西安：西安交通大学出版社，2013.

[5] 兰涛. 自律胜于纪律[M]. 北京：中国华侨出版社，2012.

[6] 洪镇涛. 千字文[M]. 上海：上海大学出版社，2012.

[7] 张桂英. 弟子规[M]. 北京：西苑出版社，2012.

[8] 夏新. 中华传统美德教育丛书：立志篇[M]. 武汉：湖北教育出版社，2012.

[9] 师贵龙. 大学·中庸[M]. 武汉：湖北美术出版社，2012.

[10] 刘默. 菜根谭[M]. 北京：中国华侨出版社，2011.

[11] 陈才俊. 增广贤文[M]. 北京：海潮出版社，2011.

[12] 朱伯荣. 幼学琼林[M]. 杭州：浙江古籍出版社，2011.

[13] 陈才俊. 处世悬镜全集[M]. 北京：海潮出版社，2011.

[14] 姚淦铭. 中庸智慧[M]. 济南：山东人民出版社，2010.

[15] 卢晴，李松梅. 《三字经》里的家教智慧[M]. 太原：山西教育出版社，2010.

[16] 李世民.帝范[M]. 唐政，释. 北京：新世界出版社，2009.

[17] 杨萧. 颜氏家训袁氏世范通鉴[M]. 北京：华夏出版社，2009.

[18] 白山，王永磊. 孔子——中庸处世的智慧[M]. 北京：中国三峡出版社，2008.

[19] 叶轻舟. 立人立志立事业：圣贤如是说[M]. 哈尔滨：哈尔滨出版社，2006.

[20] 陆林. 中华家训[M]. 合肥：安徽人民出版社，2000.

后 记

一个家庭或家族的家风要正，首先要注重以德立家、以德治家。其次还要书香不绝，坚持走文化兴家、读书树人之路。习近平总书记谈到自己的经历时，曾经多次谈及自己的淳朴家风。从某种意义上说，正是因为家风家教的缺失，一些人走上社会之后容易失去底线，做出一些违背道德、法律的事情，导致家风缺失、世风日下。现在重提"家风"，是有积极现实意义的。这是一种文化的回归，是一种历史智慧的挖掘与重建。

端正家风，弘扬传统教育文化，传承优秀的治家处世之道，正是我们策划本套书的意图所在。

本套书从历代各朝林林总总的家训里，摘取一些能够表现中国文化特点并且对于今天颇有启发意义的格言家训，试做现代解释，与读者共同品味，陶冶性情。

在本套书编写过程中，得到了北京大学文学系的众多老师、教授的大力支持，安徽师范大学文学院多位教授、博士尽心编写，在设计现场给予

后

记

指导，在此表示衷心的感谢！尤其要特别感谢安徽省濉溪中学的一级教师田勇先生在本套书编写、审校过程中的辛苦付出和大力支持！

本套书在编写过程中，参考引用了诸多专家、学者的著作和文献资料，谨对这些资料、著作的作者表示衷心的感谢！有些资料因为无法一一联系作者，希望相关作者来电来函洽谈有关资料稿酬事宜，我们将按相关标准给予支付。

联系人：姜正成

邮　箱：945767063@qq.com